天下雜誌
觀念領先

新裝
紀念版

稻盛和夫經營者的14堂課

提高心靈層次、擴展經營之道

Kazuo Inamori
稻盛和夫 著　陳惠莉 譯

［新裝版］心を高める、経営を伸ばす　素晴らしい人生をおくるために

稻盛和夫 經營者的14堂課（新裝紀念版）⊙ 目錄

第4章 如何做正確的判斷 081

第5章 如何提升工作效率

第6章 如何提升自我 121

第7章 如何成就新事物 143

第9章 如何成為一個優秀的領導者

第10章 如何執行真正的經營

第13章 如何擴展事業 263

第14章 如何步上經營的王道

前言

稻盛和夫

年輕時，每當父母、師長或職場的上司提點、指導我任何事情時，我都不自覺地想要反彈。父母說「要能承受年輕時遭受的苦難」，我也聽不進耳裡，甚至還反彈：「我才不管什麼年輕時的苦難。」

所謂的青年時代，本來就有強烈的反彈心態，這是無可厚非的事情。但是，包括父母在內，一些前輩們給我們的人生建言請務必要放在腦海的一角，這是絕對不可或忘的事情。

當我們開始自力步上人生之路，就宛如在沒有航海圖的大海中航行一樣。此時唯一要做的準備，就是把人生的前輩教導的事情當作羅盤來使用。

我在本書中提到的事情也一樣，年輕的讀者當中，或許會有人對這樣的內容感到反彈，或者一點興趣都沒有。但是，當各位在工作或人生路上遇到障礙時，希望大家能夠回想起我說的話。

因為這些話都是我在工作當中嘗到苦頭，在人生路上面臨苦難時，認真思考之後學到的智慧。我相信，這些智慧對各位來說，絕非完全無用。

一九八九年四月

第1章

如何享有美好的人生

描繪人生這齣戲

人生就像一齣戲，戲中的主角就是我們自己。我們面臨的問題是，我們花一輩子的時間要演出什麼樣的戲碼？

也許有人說，命運在我們出生時就已經決定了。但是我堅信，透過提升我們心靈、精神的層次，命運也是可以改變的。因為美好的心性一定會直達天聽。

也就是說，我們不用抗拒命運，只要建立起崇高的心靈和精神，自然而然可以成為自己所寫的劇本中的主角。希望大家能盡早了解這件事，重視自己，真摯地活過每一天、每一瞬間。

而要達到這個目標，我們需要有衝擊性的契機，才能改變自己，讓自己成長。而這種契機應該是存在於人生的各個階段。但是，迎接契機來臨的一方如果沒有足夠的能量，即便是足以撼動我們靈魂的重大契機，也會船過水無痕般地消失無蹤。

怠惰且在沒有目的意識的情況下過活的人，和認真過日子的人，他們人生這齣戲的發展將會有重大的不同。

尋求人生的目的

有愈來愈多年輕人看不到人生的目的，抱著得過且過的心態過生活。即便進入社會工作，也只是為了拿到做為生活資糧的薪水；也有愈來愈多的人從個人的興趣或休閒中尋求生存的價值。這是一種時代的趨勢，也許是很無奈。然而，如果只抱著這種心態過日子，人生豈不是一場空？這樣的生活或許有短暫的快樂，然而大家還是應該尋求更高層級的目的才是。

就像我自己一路走來一樣，我認為，不管時代再怎麼變化，可以讓人有「專注於工作，對世人有幫助，也讓自己幸福」這種感覺的生活方式才是大家應該要追求的終極目的。因為不管世事再怎麼變遷，追求「善」的人類本質是不會改變的。

也許有人對這種想法感到反彈。儘管如此，今後我仍將一本初衷，繼續倡導這種生活方式。

三十五歲過後的人們應該都已經累積了相當多的人生經驗，可是他們現在卻都失去了自信，堅信這個世界變了，老掉牙的觀念已經行不通了，遂不再針對人生發表任何見解，這是很奇怪的事情。我相信，只要以充滿自信的態度來陳述自己的生活方式，年輕人應該也會產生共鳴才對。

抱著一決勝負的心態生活

我一概不碰賽馬、賽車之類的活動。我認為在人生這個漫長的大舞台上，我們活著的每一天，不，活著的每一瞬間都是在一決勝負，所以我對賭博輸贏沒有什麼興趣。

而且，出於個人意願，我拿人生做賭注來決勝負，所以覺得工作是一件快樂得不得了的事情。如果我們是被迫不得不工作，那麼每天一定都會難過得讓人受不了，甚至會想要尋找其他的樂趣吧？

我並不是要大家成為一個正經八百的聖人君子，此外，我也沒有狹隘的想法，認為喜歡玩樂的人都是無用之人。

玩樂沒什麼不好。如果對自己的人生有正面幫助就是好事。但現實的情況是，這是很難的事情。說起來，人生或工作都不簡單，就算可以讓玩樂和工作同時並進，也不是那麼容易可以讓我們在腳踏兩條船的情況下，還能在工作上有卓越的表現。

如果不能自行找到工作的樂趣，往往就會耽於玩樂，而失去人生本來的目的，這是唯一不可或忘的事情。

保有思考人生的機會

美國的孩子們在上高中之前都過得自由自在，接受培養人性的教育。我認為，這段期間對他們來說，就是醞釀「我想做什麼」的意念，也就是孕育人生目標的時候。

當他們進大學之後，就開始全力學習達成目標所必要的基礎學問。事實上，美國的學生都擁有明確的目的意識，致力於學習和自己的目標息息相關的學問。

關於這一點，日本的學校從來就不會教育孩子們如何設定自己的人生目標。因為老師當中也有人只是朝著「考試」這樣的曖昧目標一路走過來，莫名其妙就變成老師，所以難免就形成了這樣的生態。

在人生的入口，我們無論如何都要有機會去思考「自己是什麼樣的人」、「該如何度過人生才好」的問題。這個經驗會帶領我們走向人生的目標。

擁有人生目標的人和沒有目標的人，他們的後半人生應該會有相當大的差異。

人生、工作的結果＝思考方式×熱忱×能力

這個公式的由來，是有人問我，只有一般平均能力的人是否可以成就偉大的事情時，我根據自身經驗給對方的答覆。

所謂的能力，不單指頭腦，也包括健康和運動神經，說起來多半都是先天具備的東西。但是，熱忱卻是可以靠自己的意志來決定的。能力和熱忱各自有零分到一百分的分別，如果將兩者相乘來考量，自覺沒有超群的能力，卻有著比任何人都猛烈燃燒的熱情、努力不懈的人所創造出來的結果，會比自以為能力超卓而怠惰不努力的人要好得多。

除此之外，還要加上思考方式。所謂的思考方式，就是一個人的生存態度，從負一百分到一百分都有。也就是說，如果過著憤世嫉俗的生活方式，否定認真的生存態度的話，就會變成負分，而人生或工作的結果也會因為這樣，導致能力愈強、熱忱愈烈，就變成愈重大的負分。

人生會因是否有美好的思考方式，也就是人生哲學，而有很大的不同。

實現夢想

年輕人往往都保有「想實現偉大事業」的夢想和希望。

但是，我希望大家要了解一件事，夢想和希望是從一步一步腳踏實地的努力中創造出來的。不努力，每天只知道做春秋大夢的話，夢想永遠只是夢想。

人生一路走來的過程中，絕對沒有任何東西可以像噴射機一樣，輕輕鬆鬆就一飛沖天。我們唯一能做的事情，就是靠自己的一雙腳一步一步走過來。不要妄想有所謂的可以快速實現夢想的手段或捷徑。像尺蠖一樣，一步一步慢慢地往前進，這才是向偉大事業挑戰該有的態度。

或許有人會質疑：「一步一步走太慢了，可能花上一輩子的時間也無法完成吧？」事實不然，一步一步累積進度，是會引發相乘作用的。也就是說，每天踏實的努力所衍生出來的小小成果，會換來更多的努力和成果，而這樣的連鎖反應會在不知不覺中把我們帶到讓人難以置信的高度。

在個人的人生當中，抑或是在企業的經營領域裡，這都是實現夢想唯一且確實的方法。

自我觀照

也許人並不是那麼聰明的生物。

我年紀也一把了，回顧過去，一樣有滿心的懊悔——早知道那時候這樣做就好了。

當各位因為年輕而行事急躁時，父母可能都會提出忠告，然而這些為人父母的人回首自己年輕的時代，應該也有很多的後悔。也或許，就是因為他們本身在年輕時曾經有過痛苦的失敗經驗，所以才會一再耳提面命提醒自己的子女，希望孩子們不要重蹈自己的覆轍。

親子在人生路上也會重複發生同樣的事情。

如果小時候就可以看清楚人生的種種樣貌就好了，然而，沒有人可以做到這一點。所以，每個人都在重複同樣的失敗。

可是反過來，我們也可以說，就因為有年輕時的失敗或辛苦，所以才能將這樣的經驗當成一種教訓，讓之後的人生可以過得更美好。但是，要達到這個目的，當然要有率直地回顧自己失敗經驗的謙虛態度，以及嚴格地自我觀照的向上心。

開啟道路

有時候，有些事情會讓人在乍看之下覺得自己運氣很背，其實以長遠的眼光來看，卻是非常好的事情。

我在京都的一家小公司踏出了身為社會人的第一步。然而，當時遭遇到薪水遲發、沒有獎金、看不到未來等等的現實狀況，我曾經想要辭職、另謀他職。

可是，哥哥開導我，再加上當時的社會情勢和我的家庭環境不允許我這麼輕易地轉換工作，在無奈的情況下，只好打消念頭。我只能改變自己的心境，把自己的喜惡擺在一旁，企圖從當下的工作中找到樂趣和喜悅，在自己所處的環境中開啟自己的道路。

之後，我埋首於研究，而且得到了很好的結果。也許是在欠缺優秀人才的公司當中顯得特別地突出吧，於是，上司注意到我。於是，我產生了幹勁，從此更加努力，然後又受到上司的誇讚，就這樣，良性循環啟動了。結果，我的人生開啟了寬廣的道路。

我相信，當初要是有良好的環境和條件，就沒有今天的我了。所以如果沒有以長遠的目光來看人生，就會看不清楚真正的面貌。

第2章

如何尋找工作中的喜悅

創造生存的價值

「工作」這件事究竟是什麼呢？

為了賺取自己的生活所需，或者扶養家人所必要的金錢，這是工作的第一層意義。

可是，如果一出生就是個大資產家，根本沒有必要工作的話呢？偶爾為之倒還好，若是每天閒晃、無所事事的話，恐怕也會覺得厭煩吧？人似乎不只是為了領薪水而工作的。我們其實也從工作中尋求精神上的充實感，換句話說，就是從中追求生存的價值。

此外，工作需要長時間集中注意力，是很辛苦的事情。如果純粹基於義務感去做的話，那就更加辛苦了。光靠義務感是無法讓人忍受長達幾十年的工作的。

我們必須將辛苦的工作轉換為具有生存價值的工作。而要達到這個目的，就要讓自己喜歡工作。我們只能告訴自己「我喜歡工作」，以這種方式來誘導自己的心靈。

能否保有一份可以讓我們投入一輩子的工作，將決定人生的幸與不幸。我們必須針對工作的意義重新思考。

愛上工作

讀者當中可能有人正懷著「想辭職」的念頭。事實上，我也曾經有過這種念頭。真是太辛苦了。

那種心境就跟學生時代為了考試而熬夜、倍感痛苦之餘，想不管三七二十一逃往某個地方一樣。

可是，辭職之後是不是就可以快樂如天堂？我相信絕對不是如此。我相信在辭掉工作三天之後，你就會迫切地想要工作了。

我們覺得工作辛苦是因為忙碌，是因為對自己所處的立場有責任感。然而，在辛苦當中，我們也可以感受到自己的生存價值。說起來，人還是喜歡工作的。這種「喜歡」，就是我可以持續挺過世人所說的艱辛世道的原動力。

如果看在旁人眼中是超乎想像的辛勞，但是當事人卻依然可以抱著喜悅的心態投入其中的話，那麼，這件事對他們來說就一點都不辛苦，這些勞苦的過程甚至不會留存在記憶中。

不論是哪一個領域，都只有那些對自己所做的事感到無上的喜悅、忘我地投入其中的人，才能獲得成功。

如果不喜歡自己的工作，就絕對不會成功，也不能成就卓越的工作。

專注於一件事

我認為，專注於一件事，窮究其真正意義之後才能達到真理的境界，理解森羅萬象。

舉例來說，長年專注於工作、學得高超技術的工匠，往往有其獨到的人生看法。致力修行、磨練個人修養的修行者談到不同領域的事情時，也一樣可以陳述懇切的真理。其他還有作家和藝術家等有專長的人，他們的一言一行當中，都含有非常深遠的意義。

剛出社會的年輕人在進入公司之後，如果只能一直做一些平凡無奇的工作，就會感到不安，「老是做這種事情好嗎？」甚至會提出要求「我想換做其他的工作」。可是，這種心態是不對的。了解得廣而粗淺，就跟一無所知是一樣的。只要深入探究一件事，就可以透徹所有的事情。

我認為，所有事情的深層都有一個共通的真理。我們千萬不可忘記，窮究一件事就等於了解所有的事情。

日日創新

找工作時，不可能一開始就遇到好工作。首先，必須持續保有開朗和坦率的個性，同時要有耐性，持續做好自己被賦予的工作，絕對不可以輕言放棄。因為，只有經歷過許多辛勞，專注於一件事情的人，才能領悟到美好的真理。

我的意思並不是要大家把一開始決定從事的工作當成一輩子的工作，一味地忍耐。在埋頭苦幹的當下，也要隨時思考，目前的狀況是否理想。絕對不能用同樣的方法、以同樣的發想來做跟昨天一樣的事。

即使只是小事，也要每天反省這樣做是否理想，常思改良之策。對於所有的事物，都要抱持「這樣好嗎？」的質疑。只要長期反覆這樣做，應該就能有大幅的進步。學到基礎技能後，再靠自己本身繼續努力，這就是創造。

我認為，如果在人生的過程中無法日日創新，人就不會有進步，大概也就無法成為有魅力的人了吧？

發送愛

隨著日本的經濟富裕，個人的所得提高，勞動的時間縮短，每個人都希望能夠享受人生，這樣的傾向愈來愈強烈。這是很重要的事情，或許也是一種時代的潮流。但是，我個人認為每個人都應該更努力工作才對。因為我有一個信念，發送愛與善，是生而為人最崇高的生存方式。

也就是說，我們拚命工作得到的利益，也就是汗水的結晶，不只是讓我們自己獲得幸福，還要以繳納稅金的形式，使每個人都過得幸福。

在這個世界上，有很多人過著貧窮的日子，或者背負著身心障礙、努力地走在艱苦的人生路上。在現在這一瞬間，世界各地還是有很多挨餓、瀕死、無助求救的孩子們。我們的汗水結晶可以間接地幫助這樣的人們，所以我認為，工作事實上是一件非常美好的事情。

我相信，還是有很多人對發送愛給周邊的人這件事是有自覺的，不斷地認真努力工作。

第3章

如何戰勝困難

思考為先

昭和四十年左右，我有一個機會聽到松下幸之助先生關於「水壩式經營」的演講。演講的內容主旨是說，經營就像建水壩，要確保水壩裡隨時都有足夠的儲水量一樣，經營也應該保有餘裕。

當時現場有一個人提出疑問：「我對水壩式經營有很深的感觸。但是，請告訴我，我該如何處理目前沒有餘裕的情況？」

松下先生回答：「我也不知道有什麼方法可以解決這個問題。雖然不知道，但是我覺得一定要保有餘裕不可。」現場聽眾一聽，不禁哄堂大笑：「這是哪門子的回答啊。」可是，那場演講卻讓我留下了強烈的印象。

也就是說，松下先生的意思是「如果沒有先思考，事情就不會如心中所想」。面對理想，如果心中存著「我是這樣想的，但現實是很殘酷的」的想法的話，就會阻礙事情的成就。

人如果不相信自己，就無法努力實現夢想。唯有在心中描繪強烈的願望，衷心地相信這個願望會實現，才能突破困難的狀況，成就事情。

突破障壁

成功的人和不成功的人之間的差異只薄如一張紙。

說到不成功的人，並不代表這些人一定都是隨便敷衍了事的人。也有人和成功的人一樣認真，而且保有熱忱，努力前進。

然而，就是有人能成功，而某些人就是會失敗。也許你會覺得這世界是不公平的。雖然兩者之間只是一紙之隔，卻有著難以跨越的巨大差異。

那就是，沒有成功的人通常都沒什麼耐性，一旦事情的發展不如預期，就會立刻放棄。也就是說，他們雖然會努力，但是努力的程度也僅止於與一般人無異。一旦遇到障礙，就會給自己找一個冠冕堂皇的理由，安慰自己，對事情死心。

首先要知道一個觀念，即便是覺得勉強的事情，也要抱持著耐心持續下去，讓這件事成功。試著破壞自己心中僵化的常識。「我的能力只能到這裡」這個頑固僵化的觀念會阻礙我們跨過通往成功的那一道線。

突破障壁的自負和自信會把一個人淬煉成堅強而有耐性的人。而這分堅決的耐性會把人導向成功。

提升願望成為一種信念

我認為，人絕對不能成為狀況妄動型的人。

所謂的狀況妄動型，指的是雖然心裡想這麼做，卻因為社會情勢或經濟情勢使然，發現難以實現就立刻放棄念頭的人。這種人愈是理解狀況，就愈有自行導出事不可為的結論的傾向。

另一方面，如果是打從心底擁有「我想這麼做」的強烈願望的人，不管周圍環境多艱困，都會努力思考如何實現願望。努力和創意就由此而生。

置身於同樣嚴苛的環境中，狀況妄動型的人在了解到狀況不佳時，只會領悟到一件事，那就是自己的願望是不理智的。然而，擁有發自內心深處的崇高願望，甚至成為一種信念的人，就會開始做創意思考和努力，想想該如何解決問題。

也就是說，兩者之間的差異就在於，當理解到「狀況不利」時，有人立刻就會放棄自己的願望，而有些人則從下一瞬間重新鼓起勇氣，面對挑戰。

我覺得，在人生的道路上，一路平步青雲前進的人和不斷遭遇挫折的人，還有平平凡凡地走過來的人，其間的差異就在這裡。

釋放能量

如果不積極挑戰新領域，對企業或個人而言，都是沒有未來可言的。

但是，所謂的新領域，說起來非常困難，不管是技術開發或者是市場的開拓都一樣。前方將有我們從未體驗過的障礙、從未想像過的困難等著我們。而要突破這種障壁，我們需要有極大的能量。

一直以來，我在做一件事情的時候，總會告訴自己：「盡情狂飆吧！」因為想要越過障壁，就需要有足以突破那層障壁的巨大能量。

所謂的能量，就是從事這件事情的人懷抱的熱情。如火燄般燃燒的熱情、勇猛的骨氣和執念等，正是跨越障壁的能量來源，是挑戰的必要條件。

「狂飆」就是指充滿這種強烈能量的狀態。

釋放人類本來具有的能量，就是在新領域獲致成功的依憑。

正面迎戰困難

說起來很不容易，但就算是解決不了的困難，我們也絕對不能從中逃避。我們必須正面迎戰困難。

此時我們需要的是「無論如何都要完成」的迫切感。這種狀態就跟修行僧侶對修行所抱持的心態一樣。

同時，我們不能被現有的事物限制住。我們必須以最誠懇、率直的目光來看待現象。如果有先入為主的觀念，事情就不會呈現出其真實的一面。

一方面，我們要有「無論如何都得做」的想法；另一方面，我們也要有愈是辛苦，就愈要仔細地看清楚現象的坦率態度。

如此一來，我們就可以赫然發現以前被我們忽略的事物。我稱此為「神明的微小啟示」。

真正具有創意的事物，只會從需要接受啟示的窘迫狀況，以及真摯的態度當中產生。如果想要得到優秀的創意，就必須正面迎戰困難。

保有希望

現在我相信「現象會如我們心中所想的顯現」。然而，剛成為社會人士時，我做什麼都不順心，根本沒辦法接受這種想法。但即便在這樣的苦痛中，我依然不失開朗和希望。我想，就是這個原因才塑造出今天的我。

當時我住在床鋪都幾乎要破了的破爛宿舍的二樓。那是一間三坪大小的房間，榻榻米的表層都已經損毀不堪，稻草都裸露出來了。我就帶著爐子和鍋子住了進來，每天自己煮飯。

當時我在公司裡進行的研究，還有人際關係方面都不盡人如意。每當夜幕低垂，我都會一個人跑到宿舍後面，兩岸開滿了櫻花樹的小河去散心。我經常坐在小河邊，哼唱著〈故鄉〉這首歌。心裡的創傷不斷地累積，讓我不知如何是好。我靠著盡情地歌唱，給自己打氣。於是，我的心情就可以煥然一新，第二天又到公司繼續努力工作。

煩惱會隨時隨地找上任何一個人。但是，在這樣的狀況中，我們還是必須試圖轉換心情，對明天抱持希望和樂觀的想法。

提升心靈的次元

廣中平祐老師解開了數學的難題，獲頒費爾茲獎。聽說老師是因為提高了一個次元，輕易地就解開了這個難題。廣中老師說：「所謂的複雜現象，不過是單純事實的投影。」他的意思是，人類社會是很複雜的，職場的人際關係和親戚的關係等，看起來也是非常麻煩而複雜的。可是，這種人類的狀態、人生的模樣都只是單純事實的投影。

舉例來說，如果來自四面八方的車子進入呈平面交叉的十字路口時，道路一定會整個塞爆，但是，如果增加一個次元，變成立體交叉的話，車子就可以通行無阻了。也就是說，如果我們只看到三次元的影子——也就是二次元的話，車子看起來好像要互撞了。但那明明是三次元的架構，看起來卻是二次元的平面，讓人無不慨歎其複雜奇怪。

人生和人類的樣貌也一樣，我們害怕的只是單純事實的影子而已。所謂的單純事實，實際上就是自己的心，是自己的心靈投影塑造出了複雜而困難的現象。想要在複雜的現象當中看出真實，唯有將自己的心靈層次提高一個次元。

尋求正確的事情

我發現我從年輕的時候就經常自問，生而為人，什麼才是正確的？而且試圖去尋求答案。雖然世道如此混亂，我總是不斷地追求一種態度——不應該是這樣的。生而為人應該要那樣才對。而這種追求正確事物的心，也就是尋求理想的心。

即便入學考試或就職考試落榜時，我也一直想要更加努力，好讓自己能考上優秀的學校或公司。此外，當我從事大部分的人不屑一顧的陶瓷研究開發時，我也努力地想將陶瓷變成一種優質的素材。

即便遇到幾乎要打倒我的逆境時，我也仍然高舉理想的旗幟，燃著希望，朝著夢想繼續努力邁進。

在漫長的人生中，對各位而言不順遂的時期、痛苦難過的時候或許隨時會到來。然而，也就是在這個時候，我們才更要咬緊牙關，朝著理想，誠實地努力下去。面對這樣的努力、誠實、勤勉，上天也必定會俯首稱臣的。

勿趨易避難

就職之後不久，身為一介小小職員的我因為某件事和公司起了衝突，又受到工會的攻擊，曾經陷入孤立無援的狀態當中。

當時，我的腦海裡浮起攀爬險峻高山的模樣，雖然沒有經驗，也沒有技術，我卻想嘗試垂直攀登聳立的石山。有人對尖銳的岩壁感到害怕、恐懼，又覺得落伍，所以我的決定招來了周遭人的砲聲隆隆。

前輩勸我「妥協是必要的」，也就是說，建議我和大家一起沿著山麓的和緩斜坡，慢慢地攻頂。

可是，我之所以堅持要採用前面提到的方法，是因為我考慮到自己也是脆弱的人，如果趨易避難，慢慢地攀爬上去的話，可能很快就會放棄爬到山頂的信念，在半山腰就舉手投降了。此外，我也想到，對因為相信我而追隨我的人來說，簡單容易的生存方法也是一件樂事，卻無法為他們帶來真正的幸福。

我下定決心，如果堅信自己是正確的，那麼不管有再多的指責，前面有再險峻的道路，我都要朝著鎖定為目標的山頂，筆直地攀爬上去，之後，我對自己還有對他人都一直以嚴格的態度面對。我相信那絕對是正確的做法。

第4章

如何做正確的判斷

在小事上一樣用心

有人說，能做正確判斷的人，就是在工作上有傑出表現的人。想要做正確的判斷，就需要敏銳地觀察自己處於什麼樣的狀況。我們必須保有能夠觸及事物核心的敏銳觀察力。

而這種敏銳觀察力來自於精神上的專注。但是，專注並不是突然想要就能立刻做得到的事。事實上，專注是有習慣性的。不管再小的事情，都習慣付出注意力去執行的人，不論面對什麼樣的局面都可以做到專注；但是沒有這種習慣的人往往無法找到精神上的焦點。

愈是忙碌的時候，愈應該養成對小事也全力以赴的習慣。就算是自己沒什麼興趣的事情，也應該努力地多加關注，這叫做「有意注意」。

這種日常生活中的有意注意會左右「萬一」時的判斷力。而培養每天訓練出來的注意力和洞察力，保有敏銳澄澈的神經，可以做出正確判斷，這才是果斷、有才幹的人。

啟動潛在意識

只要活用潛在意識，就可以迅速且輕鬆地做正確的判斷。

舉例來說，開車時，打方向盤的方式會隨著彎道的曲度和車子的速度而不同。一旦習慣開車了，在無意間就可以判斷當時的狀況，流暢駕駛。那是因為在反覆做這個動作之餘，動作的模式已經進入我們的潛意識中，一遇到狀況，我們便會在瞬間把這種模式叫出來做反應。

將棋名人升田幸三曾經說過：「在對戰的最重要關頭，下一手棋會閃過腦海，但是我會很慎重地長考，解讀接下來的幾十手棋。然而，結果還是只有最初那一瞬間浮上腦海的那一手棋才能派上用場。」這也是活用進入潛意識的行動模式的一個例子。

在我們的人生中，我們所經歷過的事情都會進入潛意識。我們每天全力以赴，反覆執行的經驗，還有強烈的經驗都可以轉移到實在的意識中活用。

但是，強烈的經驗不是我們主動追求就一定可以得到的東西。既然如此，那麼凡事都認真投入其中，反覆地思考、執行，就是活用潛意識的唯一方法了。若不每天認真地面對每一件事，就想要能夠正確而迅速地做判斷，那是不可能的事情。

明究事理

我們常說「說得有道理」或「不合乎道理」，這個「道理」就是人類的精神指標。換言之，也可以說是一個人具備的判斷標準，也就是邏輯。

大家站在各自不同的立場，一定都有被迫做判斷的經驗吧？此時大家應該都會按照自己的判斷標準來判別好壞。如果回溯這種判斷標準的根源，我們就會發現，其原理、原則就是道理或倫理，也就是生而為人所應該做的正確事情。所以，所謂的合理，不只是指單就理論上來說沒有矛盾，而是對照於人所應該走的道路，沒有出現偏頗的現象。

也就是說，我們不能只是在腦海中輕率地下判斷，還要回歸到人類精神最根本的部分去思考，做得合情合理，這才叫合乎道理。沒有這種合理概念的人什麼事都做不成，因為他不知道自己的標準是放在什麼地方。相對的，有邏輯思路的人，其所走的道路是四通八達的。因為道理是所有的人都可以接受的。要做出正確的判斷，就得在自己心中確立一個指標。

以原理、原則為基準

我們必須隨時以原理、原則為標準來進行判斷，採取行動。

不能引用一般人動不動就陷入窠臼的常識或慣例來進行判斷。因為光靠常識或經驗做為準則，在遇到新的問題時，往往就無法解決，很容易就會讓自己卻步。

只要根據一直以來為人們所奉行的原理、原則來做判斷，面對任何局面，我們都不會產生猶疑。

所謂的根據原理、原則，就是指以人類社會的道德、倫理為標準，正確地貫徹生而為人所該做的正確的事。如果是基於人類的道理所做的判斷，就能超越時間、空間的限制，在任何環境都可以暢行無阻。所以，隨時保有這種判斷標準的人即便躍入未知的世界中，也絕對不會感到畏縮。

在新的領域開疆闢土、大力發展，靠的不是豐富的經驗，也不是因為具備常識。而是看清楚生而為人的本質，以原理、原則為標準來判斷事物。

勿失去原點

登山時，在霧氣籠罩，視野為零的狀況當中，每當遇到岔路要判斷前進路線時，往往會找不到正確的路徑而遇難。據說此時最好的做法就是再度回到紮營地，重新走一次比較好。

這種想法也適用於投入新事業時，或者向未知的研究領域挑戰的時候。在這種全新的領域中，將會面臨多次撞牆，或者經歷無路可走的局面。在面對這種局面時，即便努力克服當前的問題，想辦法解決了，但是對目標，多少都會出現些許誤差。而當我們反覆以這種方式來解決問題，在不知不覺當中，我們就會大大地偏離了當初的目標。

當事人在越過幾個障礙之後會自我安慰「幹得好」，甚至感到滿意「啊，這樣就可以了吧」。然而，就結果來看，卻和成功相去甚遠。

因為只根據當場的狀況判斷，沒有返回原點再度檢視，所以產生了這樣的結果。唯有看清楚原點，立基於事物的本質，在這種情況下做出來的判斷才能讓我們在未知的領域獲得成功。

保持善念

要做正確的判斷，就要有正確的認識。但是，要做到正確的認識是非常困難的事情。

因為現象這種東西只是一個事實，卻會受到觀察者的觀點所左右。存在的不是只有絕對的事實而已。我們在日常生活中都會有這樣的經歷，因為是透過現象觀察者的心靈濾鏡去看事情，所以會被人的主觀左右，唯一的事實可能是善，也可能成為惡。

舉例來說，有個人盡全力努力工作。如果我們的解讀是這個人以倍於常人的認真態度投入只有一次機會的人生，拚命地想要存活下去，那麼這件事或許就是一種善。然而，如果就他不顧家人和自己的健康，也不懂得適時地娛樂，只是一個勁兒地埋頭苦幹的觀點來看，這樣的做法也可以被解釋成一種惡。

這不是何者對、何者錯的問題，也許兩者都有值得商榷的地方。我個人認為，既然會被主觀所左右，那麼我們就應該養成以善的觀點來看事物的習慣。因為否定的看法不會讓自己獲得成長，也不能順利解決問題，但是，以高次元的心境為標準所尋求到的認識和判斷，一定會帶來美好的結果。

控制本能心

據說，人有「本能心」和「理性心」。

所謂的本能心，就是鬥爭心、食欲、性欲、嫉妒等企圖保護自己的肉體和生命的心。我們經常以這種本能心做為判斷的標準來決定事情，可是，這麼一來就跟動物沒有多大的差別，而且也會造成判斷上的錯誤。

控制本能心是必要的。一旦控制本能心，心中就會產生空間，以邏輯來推理、推論事情的理性心就會油然而生。這種理性心在一個人的心中佔有多少部分是非常重要的事情。

但是，要控制本能心是非常困難的。因為人活著不能沒有本能心，所以我並沒有要求大家拋棄本能心。我的意思是，本能心不能過剩，要努力地控制在最低限度。要控制本能心的最好方法，就是一旦自私的欲望心跑出來了，就不斷地告訴自己「不要有非分之想」。消弭這種本能心的習慣可以凸顯理性心，產生正確的判斷。

集中意識的焦點

所謂的「理性心」是推理判斷事物的心。要運用這種理性心，需要像用聚焦鏡聚集陽光一樣鎖定焦點。隨時隨地、不管面對任何事情，都認真地投入其中思考，這叫「有意注意」。相對地，聽到聲響就倏地回頭的這種下意識所採行的行動，就叫「無意注意」。

人都有習慣性，所以，如果可以持續保有這種有意注意達數年之久，焦點就會像雷射光聚焦於一點一樣，在看到問題的瞬間，啟動理性心，直指核心。

可是，有一種「靈性心」卻保有遠超過理性心所具備的正確性。那就是在沒有採行任何推理、推斷的情況下，瞬間產生迅速而正確的判斷。有人說，全世界的偉人們所造就的成果，都是這種靈性心化為一種先天性的才能，體現為技術。

當我們陷在困境的漩渦中，有時候會感受到宛如一種天啟似的靈光閃現。如果這就叫靈性心的話，我們可以說，那就是從專注於工作當中，正面挑戰困境，隨時自問：「生而為人，什麼是正確的？」並在加以實踐的行動中產生出來的。

原貌呈現

美麗、澄澈的心靈看得見；可是，充滿自我的內心卻只能看到複雜的現象。

舉例來說，執行工作的方式如果是根基於「我想獲得」的私欲，往往會將簡單的問題變得很糾結。此外，「我想展現自己好的一面」的藉口，有時候也會模糊焦點，延遲解決問題的時機。

我們必須保有一顆「原貌」的心。因為讓自己莫名的心起了作用，單純的問題才會變得複雜。

也許自己會有損失，但是我們必須以「原貌」來看事情。如果自己有錯，就承認「我是錯的」。以這種澄澈的目光來看事情，就可以讓問題更單純，不再有事情值得我們去煩惱。除非我們放棄「我想輕鬆生活，我想看到好事情」的自我心態，否則事實是不會顯露出其真實的一面的。

要面對真實，就必須要有跳入火堆當中的勇氣。只要有不惜流血流汗、甘冒危險的氣概，那麼，任何問題應該都是可以解決的。

第5章

如何提升工作效率

持續描繪夢想

我稱自己為「做夢的夢夫」。

因為我有描繪莫名其妙的夢想的習慣，我不斷地描繪永無止境的夢想，在想像中展開事業。我不會立刻將夢想付諸行動，而是持續強力地在腦海中描繪。我不會實際動手，而是花上一年或兩年的時間持續模擬夢想。我們也可以換個說法，這叫強烈的願望。

因為願望放在腦海中，所以就算是娛樂時，或者在路上走著時，和自己所想事情相關的事物就會形成強烈的印象躍入腦海。或者，即便在宴會的場合，也會把目光停在實現夢想所不可或缺的、自己想要的人才身上。如果沒有強烈的願望，這些人或許只會匆匆地從我們眼前通過。

美好的機會往往潛藏在沒什麼大不了的現象當中。可是，這些機會也只會映在擁有強烈的目的意識的人眼中。

沒有目的意識的空洞眼睛，是看不到任何美好機會的。

主動燃燒

有些東西是靠外來的能量燃燒的，有些是永遠燃燒不起來的，更有些則是本身就會燃燒。

也就是說，物質分成三種，一種是只要接近火源，就會燃燒起來的可燃性物質，一種是即便靠近火源也無法燃燒的不可燃性物質，還有一種就是會自行燃燒起來，具自燃性的物質。人也一樣，想要成就某項事物的人，一定要是可以主動燃燒的人。因為熱忱和熱情是成就事物的根本。

即便靠近火、外界提供了能量也無法燃燒的人，說穿了就是有些許能力，但卻是虛無的，連一點感受性都沒有，無法產生感動之情的人。這樣的人是無法成就事情的。我認為，我們至少要做一個站在燃燒的人身邊時，也會跟著一起燃燒的人。

可是，我們真正需要的是會主動燃燒的人。說得更明白一點，除了能主動燃燒，還能將多餘的能量分享給他人，才是集團需要的人才。

在漩渦的中心點工作

靠一己之力無法成就大事業，唯有和上司、下屬、同事等周圍的人一起努力前進，這才叫工作。

但是，我們必須主動積極地尋求工作，塑造一個周圍的人自然地願意協助我們的狀態。這就是所謂的「在漩渦的中心點工作」。

一個不注意，有時候就會淪為別人在漩渦的中心，而自己則只能在其四周繞轉，也就是只能扮演協助者的角色的下場。

公司內部就像「鳴門海峽的漩渦」一樣，到處都有工作的漩渦。如果漫不經心地在漩渦四周漂蕩，立刻就會被捲進漩渦當中。

如果我們不能讓自己處於漩渦的中心點，把周圍的人都帶進來一起工作的話，就無法體會工作的喜悅和箇中的醍醐味了。

我認為一個人能否主動捲起漩渦，是不是一個具主體性而積極的人才這件事，不但會影響到工作的成果，甚至也會左右一個人的人生。

站在擂台正中央奮力拚搏

我一向都主張「站在擂台正中央奮力拚搏」，其實意思是要大家在採取行動時，把在擂台的正中央當成已經被逼到舞台邊、再也沒有退路的狀況來拚鬥。

我相信大家在學生時代，一定都有在考試之前驚慌失措、熬一整夜抱佛腳的經驗。而且實在趕不及抱佛腳，因而自暴自棄參加考試的人，一定也很多吧？考試的日期是早就確定的，所以，如果想得到好分數，只要早點準備就好了，偏偏就有許多人不願這麼做。

另外，我們在觀看相撲比賽時，總會看到有些力士在陷入困境時發揮了蠻力而逆轉情勢。看到這種情形，我總是會想，既然能使出那麼大的力量，在擂台的正中央與對方拚鬥時，使出來不就好了。

事實上，人生也一樣。站在擂台的正中央時，因為覺得還有後退的空間，所以會比較安心，只有在被逼到末路時才會驚慌失措。

我們要隨時告訴自己沒有退路了，要在被逼到沒有退路之前，使盡全力對抗。此外，就算我們還沒有到陷入絕境的地步，我們還是可以想像風險的存在，事前就做好準備。

如果前進時沒有設定好安全閥的話，不管是在人生或工作、經營方面都絕對無法穩定下來。

膽大而心細

人大致可區分為兩種類型，一種是心思縝密、正經八百而內向的人；另一種則是豪邁大膽而外向的人。我認為，在工作時，必須同時具有這兩方面的特質。

電視上播放的時代劇中的劍豪，身穿便裝，大口大口地喝著酒，同時還可以聽到敵人悄悄來到背後的腳步聲，一轉頭，快刀砍向敵人。這樣的畫面總能讓我們大聲喝采，拍手叫好，我們從乍看之下豪邁無比的主角身上，看到那不讓敵人有一分一毫可趁之機的纖細神經。

光是大膽，無法成就完美的工作；另一方面，光有纖細的特質，就沒有向新事物挑戰的勇氣。在職場上，我們需要的是同時具備豪邁和纖細這兩種背道而馳的性格，會根據不同局面分開使用這兩種特性的人。我認為，心思纖細而有敏銳神經的人在經歷過無數征戰、產生了真正的勇氣之後，才能成為一個真正的人才。

但是，天生就具備這種特質的人並不多，擁有纖細神經的人必須積極地追尋機會和場合，培養自己的勇氣和膽識。

把完美主義當成習慣

我在工作上是追求完美主義的。

可是，從事行政工作的人，只要工作的完成度達到九成，就會產生「這樣應該就可以了吧」的怠惰心，當下就放棄了。因為他們認為，就算出錯，只要用橡皮擦就可以擦掉重來。此外，即便完成度只有九成，顯現出來的效果也相當好，所以人們就不太會去追求完美了。

但是，在化學實驗當中，就算有九九％順利，剩下的那一％失敗的話，有時候就會因此功虧一簣。經歷過重要關頭考驗的技術人員就會知道，只要一個小小的錯誤就可能會致命。因此，這些人往往會有追求完美的態度。

要求自己保有這樣的完美主義過每一天，是很辛苦的事。可是，一旦養成習慣，便可以輕鬆應對。這就跟人造衛星違反地心引力往上空發射時，需要有大量的能量；一旦進入軌道，就可以自然運行，不再需要能量一樣。

我們必須把追求完美的工作表現，當成每天的習慣。

第6章

如何提升自我

開啟未來

像明治維新一樣預期會有大變動的時代裡，擁有符合環境需求的年輕人，如果沒有勇氣和自信發揮所長的話，就沒有將來可言。

可是，光是年輕，並不代表能理所當然地獲得這些特質。能夠開啟未來的是什麼樣的年輕人呢？

我想應該是在職場中擁有個人獨到的見識，積極地表達意見，不斷地向上司提案，燃著熊熊的意念，想要改善這個職場、企業的人吧？

此外，這樣的年輕人應該是很努力學習，保有一顆幾近透明的率直心靈，不鬧彆扭、不空洞，也不會為了抱怨而抱怨的人。

另外，還必須擁有自我犧牲的精神。如果只圖自己輕鬆，抱著想要得到好處的心態來提案或陳述意見的話，恐怕是不會有人願意聆聽的。

最重要的是強烈的意志力。如果沒有抬頭挺胸、捨命一拚的氣勢的話，絕對無法影響他人跟著採取行動，也無法成就像樣的改革。

承認能力之不及

我從鹿兒島來到京都開始工作時，只會用帶有鹿兒島腔的語調說話，曾經因為自覺是鄉下人而為嚴重的自卑感所苦。

有些人會因為像我這樣有自卑感而遭受挫折，但是我卻率直地接受自己的自卑感，所以從來就沒有因此而遭遇什麼挫折。

我告訴自己，「我來自鄉下，我不懂人情世故，也沒有常識。雖然大學畢業，讀的卻也只是鄉下的大學。我的實力似乎沒有從都市一流大學畢業的人那麼好。那就從最基本的事情開始學起吧。」然後更加拚命地努力工作。

也就是說，我並沒有和自卑感展開一場格鬥，而是率直地接受它的存在。這樣的做法反而讓我放鬆了心情，成為更加努力邁進的腳踏板。

自己做不來的事情就不要裝懂，率直地承認自己的能力不夠，然後重新來過，這是很重要的態度。

我成為社會人時，就是抱著這種想法，持續在人生之路上努力奮戰。

超越平凡

以目前的學校制度而言，掌握重點拿到六〇分、避免被學校淘汰的人，以及努力念書、經常考到八〇分以上的人都可以順利畢業。

以分數來看，兩者之間只有二〇分的差距。然而，事實上，這其中有著莫大的差異。要達到後者，過程當中一定存在著許多障礙，他要經歷過流血流汗的努力過程，突破一個又一個的障礙，才能達到這個水準。

你想的是「六〇分，跟一般人一樣就好」，或者是「我不能跟其他人一樣」，不怕阻礙，勇敢面對挑戰？這兩種選擇各自代表了一個人的人性，同時也可以說是生而為人在生存路上的分水嶺。

如果想把自己帶往更高的層級，一定會遭遇多次的障礙。這裡所謂的障礙，其實就是想要輕鬆過生活的心態。和這種追求安逸的心態糾葛奮戰的自我克制心，才能讓我們超越一般人。

鞭策想要趨易避難的自己，所帶來的苦楚非一般人所能想像。然而，也正因為如此，當我們戰勝自己時，所獲得的喜悅也相對地巨大。

戰勝自己

大家應該都看過以下這樣的人。

有人認真念書，考到八〇分。而腦袋靈活，就算不努力念書，也能掌握要領、考個六〇分的人會說：「這傢伙只知道埋頭苦讀，當然考得好。要是我努力念書的話，就可以考到更高的分數。」出了社會，看到有人成功了，這種人就會藐視人家，自我膨脹：「那種人在學生時代也沒什麼大不了的，我的層級比他高多了。」

真的是這樣嗎？所謂的埋頭苦讀，就是不看自己想看的電影或電視節目，戰勝想隨波逐流的自己。畢業之後獲得成功的人也一樣，他們一定都得壓抑住想玩樂的欲望，拚命地努力工作。說穿了，就是自我克制的體現。

我認為，我們在考量一個人的能力時，連這種自我克制的能力都應該涵蓋在內。換言之，敗給自己、貪求安逸、無法努力，這就代表了一個人的能力低落。

能夠在人生這個寬廣而巨大的舞台上開花結果的能力，並不單指腦細胞皺褶的數量而已。

熱情成就事物

我們在評斷一個人的時候，必須仔細地衡量其才能和能力。然而，我也很重視一個人的熱情。因為只要有熱情，就可以成就事物。只要保有熱情，就算自己沒有能力，只要把有能力的人安排在自己身邊就可以了；就算沒有資金和設備，也只要不斷地努力訴說自己的夢想，總會有人回應你。

成就事物的根源，在於一個人所保有的熱情。想讓一件事情成功的意志、熱忱，熱情愈強烈，成功的機率就愈高。

所謂強烈的熱情，指的是不管是睡著也好，醒著也罷，一天二十四小時都處於在思考這件事的狀態。然而，實際上要持續思考二十四小時是不可能的，重要的是要隨時保有這種心態。如此一來，願望便會滲透到潛意識，在自己也沒有注意到的情況下，便會開始採取實現願望的行動，成就格局遠比現在要大許多的工作。

我認為，一件事情的成功與否，熱情掌握了重要的關鍵。

以純淨之心描繪未來

強烈的熱情會帶來成功。然而，如果這種熱情成了私利私欲的開端，成功則不會長久持續。

因為這會讓人對一般世俗的道理變得沒有感覺，挾著成功的要因——強烈的熱情，便會強迫性地且漫無章法地開始往前進。想要讓成功長久持續，所描繪的願望和熱情必須是純淨的。

也就是說，問題在於滲透進潛意識中的願望的品質好壞。事實上，完全跳脫本能心，保有為了人類社會、無私無欲的單純願望是最理想的。然而，人很難完全拋開私利私欲。

至少我們應該將目的轉換成是為了團體，而不是為了一己之私。也就是說，靠著這樣的目的轉換，可望讓願望更單純。我覺得，除非是以這種純淨的心所描繪出來的強烈願望，否則上天是不會幫助我們達成的。

保有單純的願望，克服痛苦、備嘗苦惱之時，靈光就會閃現，道路就會開啟。我的理解是，這一定是我們「無論如何都一定要成功」無路可退的單純願望直達天聽，激發出我們潛在的力量，而將我們導向成功之路。

建構精神的骨架

我希望大家能夠用功念書，以期自我提升。請大家一定要秉持認真的態度，閱讀好書。

我再怎麼因為工作而晚歸，或者陪客戶應酬到三更半夜，回家之後一定會看書。說是看書，其實並不是在書桌前正襟危坐，我只是在枕頭邊擺放了大量以哲學或中國古典書籍為主的書本，隨時翻閱。

此外，上洗手間或洗澡時，我也一定會隨手帶書進去。星期日休假時，我會花一整天的時間看書。

大家每天都過得十分忙碌，所以可能會覺得沒有這樣的時間可運用。然而，在這些有限的時間中，我們還是可以親近書籍，擁有因為感激而產生心靈悸動的時刻。

大家辛苦地工作，在工作中琢磨自己、得到收穫，這當然是最重要的。但是，我們還要透過讀書，吸收我們未曾經驗過的事，整理我們經歷過的事物。就是這種實踐和讀書的行動，建構起人類精神的骨架。

全心訴說

有些人的說話方式會讓聽眾在聆聽的當下，莫名地產生一種「輕鬆愉快」的感覺。說穿了，這樣的人通常都有很好的口才、言語流暢。如果是隨便聽聽就算的話，倒是很讓人感到愉悅；但是仔細一聽，往往會發現，這種人所說的話其實沒什麼內容。

也許有人會產生誤會，覺得這就是辯才無礙。但是，我一點都感受不到任何魅力。反倒有種輕薄的感覺，根本不想認真聽下去。說得更深入一點，我覺得這種人的人性都太淺薄了。

我不希望年輕人模仿這種只著重表象的說話技巧。就算口才不佳也無所謂，只要是出自靈魂的話語就好。

比起只為了說話而說話，努力地想讓對方理解我們而打從心底所說出來的話語，有著更強大的力量，能夠喚起聽眾的感動。

也因為伴隨著感動，所以才能讓對方打從心底理解、接受。如果想大大發揮自己的說話技巧，希望各位要記住，務必要傾注所有的心力，努力地陳訴自己發自內心的話語。

第7章

如何成就新事物

到達真正的創造境界

已故的田中美知太郎老師（前京都大學榮譽教授）說過：「發明的過程屬於哲學的領域，一旦進入理論性的說明階段時，就歸為科學範疇了。」這一席話讓我有非常強烈的感受。

在科學的世界中，已被解析過的常識與真正的創造間，有著巨大的鴻溝。而可以超越這道鴻溝的飛躍性發明，則是屬於精神活動領域的產物。也就是說，有人認為，累積再多科學常識，也無法達到真正的創造境界。

伽利略在天動說被視為常識的時代提倡地動說，結果受到彈劾壓迫。地動說是伽利略的「我思」的信念、哲學。日後獲得證明，才成為一門科學。

所謂真正的創造，不是累積當時的科學常識，而是源自飛躍性的靈感。這種靈感使哲學具體成形，經過證明，為世人所接受後，方成一門科學。

有時候，科學常識的強迫性會抑制人類的創造性。有時候從非科學的領域當中，也可以看出真正的創造的端倪。

依賴自己

當我們企圖推動自己的新想法時，不論前方有什麼樣的苦難等著，都絕對不妥協，堅持走在自己認為正確的道路上，這是非常重要的事。

也就是說，這是一種無賴性。

所謂的無賴漢是指反抗家人、高舉推翻體制的大旗、唾棄權力、蠻橫不講理的人。

而真正的無賴性則是不依賴，也就是不理會世俗的想法，或者說些冠冕堂皇的話，向大多數人妥協。所謂的不依賴，就是自由。不仰賴他人，只依賴自己。

透過依賴自己，才能有真正的創造。因為遠離所有的約束，所以可以無止境地追求自己的信念。有這種態度，才能衍生出創造性。

不管是在商場上，或者是在科學、藝術的世界裡，如果沒有這種氣魄，就不可能會成功。

追求內在的理想

在創造的領域中根本沒有所謂的標準。就好像在沒有羅盤的情況下，在一片漆黑當中，航行於狂風暴雨肆虐的大海上。

我在那樣的航海路上痛苦掙扎，渴望找到燈塔的光芒。可是，在如秘境般的大海上根本就沒有燈塔，有的只是存在於自己心中的燈塔而已。

我必須更強力地燃燒自己心中燈塔的亮光，照亮四周，確定自己的所在位置，自己照耀出前方的道路。

也就是說，如果沒有其他據以為標準的東西，我們在未知的領域所能採用的航海方法，就只能依據我們有多接近自己心中描繪的理想來定位了。

這與完美主義的態度是不謀而合的。「better」是指和其他事物相比，相對來說比較好的意思；而「best」則代表在所有事物當中是最好的。相對於此，所謂的「perfect（完美）」則是指無止境地追求自我內在的理想。在沒有任何標準可言的創造性領域中，我們要以自己為羅盤，擬定方向。

開創新時代

「因為沒有這個、因為沒有那個，所以我做不到」，有人總是會找一大堆的理由為自己解套。

但如果只因一無所有，就覺得自己做不到，那就沒辦法開創新事物了。在起步時，一無所有是必然的前提。把這個狀況視為理所當然，仍然抱持著「我想完成這件事」的強烈願望，專注地思考——為了成就這件事，該如何是好？如何調度必要的人才、技術、資金和設備？

我相信，如此一來，夢想必然可以實現。

在完成新事物的過程中，會有極度的辛勞和困難橫亙在前方。明知如此，我們還是必須抱著「無論如何都要完成」的決心。

當有人問起：「勝算有多少？」也許我們會無言以對。然而我覺得，獨創的世界就是這麼一回事。

革命和明治維新都是這樣的，只有強烈的信念才能開創新時代。

樂觀地構想，悲觀地計畫，樂觀地實行

我覺得，能夠成功開發新產品和新技術的人，就是會樂觀地描繪構想的人吧？

也就是說，擁有無論如何都要實現的夢想和希望，以超級樂觀的態度設定目標，這是在投入新事物時最重要的事。自我設限無法讓我們產生想完成夢想的信念。我們要相信，上天給了我們無限的可能性，所以我們必須不斷地告訴自己：「我可以的。」同時自我激勵、奮鬥。

當然，在計畫的階段，我們還是需要悲觀地審視、修正構想。所謂的悲觀，是指慎重而小心翼翼地評估難度有多高。

然後針對這個悲觀的要素擬定對策，接著再樂觀地採取行動。如果在實行的階段依然有悲觀的考量，就不可能採取果敢的行動，往成功邁進了。

在開始進行一項新事物時，就要像這樣切換大腦的迴路，否則就必須在各個不同的階段，分派適合的人選負責執行。

持續思考直到「看得到」

我經常說，想要推動技術開發等新事物時，「必須要能看得到」。

我曾有過好幾次經驗，在不斷訴說自己的夢想的過程中，夢想和現實之間的界線就會逐漸消失。也就是說，我認為，當我們持續思考，直到狀況變成連自己都搞不清楚究竟是現實還是夢想之後，最初視為夢想或理想的事物才得以實現。

這時候，我們明明什麼都還沒有做，卻敢說出「我做得到」這樣的話。這種心理狀態，就是我所謂的「看得到」。

只是茫茫然地思考著如夢想般的事，是成不了氣候的。此外，把還未進行的事都能轉變為「我做得到」的自信時，才能變成一種「看得到」的事物。而這端賴我們針對主題思考的層級有多深、多遠。如果不能長遠思考，達到「看得到」的狀況，我想，所有的事情都絕對無法成形。

以未來進行式來掌握

我在選擇新主題的時候，都會大膽地選擇超越自己能力所及的。

說穿了，我會選定現在再怎麼努力都完成不了的主題，期望在將來的某個時期能夠將之完成。

為了達到這個目的，推動新事物的人或領導者，就必須要有培育自己以及團隊的能力的構想。

也就是說，必須將目標鎖定在未來的某一點，思考如何將現在的自己和團隊的能力提高至可以與該主題對應的程度。

根據現在的能力去判斷是否能夠完成一件事情，這誰都做得來。但是，以這樣的方式是不可能成就新事物的。無論如何都要完成目前做不到的事，以這樣的心態才能創造出劃時代的成果。

「以未來進行式來掌握自己的能力」，是想要完成新事物的人必須具備的條件。

無止境地追求自己的可能性

「你有沒有什麼好點子？」我們往往會對外尋求創意。可是，我一向不外求，而是徹底地尋求自己目前所從事工作的可能性，加以改良，成功地完成想像不到的巨大革新。

外人都不知道這中間的過程，只看結果，就稱許我是一個有先見之明的人。然而，我絕對沒有一般人所說的先見之明。如果這種狀態就可以解讀為具有先見之明的話，那麼我們不就可以說，透過追求既存事物的所有可能性就可以學會過人的先見之明嗎？

想要突破這個不透明的時代，就必須要學會先見之明。這種先見之明是無法對外索求的；而是從自己的技術、自己的經驗等存在於自己周邊的所有可能性中去尋求。

不管時代如何變遷，我覺得，了解自己的立足點，無止境地追求自己所擁有的可能性，可能就是達到革新目的的王道吧？

有所根據再進行挑戰

挑戰，這個字眼聽起來好響亮，事實上卻伴隨著巨大的困難和危險，而且還需要難以計數的辛苦和忍耐、非比尋常的努力和極大的勇氣。

也就是說，挑戰是具備了可以承受風險的準備、面對困難的勇氣、不怕辛勞的忍耐努力等要素之後，才能說出口的事情。

我覺得，挑戰這件事不能當成文字遊戲，隨隨便便就拿出來說嘴。沒有上述那些要素就揚言挑戰，那只是蠻勇。

在企業經營上，想要持續挑戰，經營者就必須要處於這種精神狀態，而且企業還要具備不論遇到任何危機，都要能夠安全飛行的雄厚資金和豐富的財務內容。在個人方面，想要挑戰事物，就必須具備不為任何狀況所動搖的信念和日夜不停的努力，還有因此而培養出來的實力。

只有擁有覺悟的心態和能力保證的人，才具有挑戰的資格。

相信可能潛力

在職場這種戰場上，能成就新事物的人，就是相信可能潛力存在的人。因為相信而產生的光芒就在前方綻放，所以我們可以朝著目標持續追逐。因此，我們要謙虛地自我反省，無法突破難關是因為「自己的技術不夠，自己的努力不足」，把目標指向唯一的希望之光，拚命地努力。

愈是具獨創性的事業，在該領域工作的人是否相信「我可以做到」就愈發重要。當沒有任何事物足以證明時，如果心中沒有可以相信的東西，也就是沒有希望之光的話，就會在通往獨創性、充滿了各種障礙和難關的道路上遭受挫折。

如果有可以相信的東西，就能夠持續走在這條路上，而且窮其一生持續追逐。不為流行趨勢所惑，專注地獻身於一個主題。如此一來，事情總會有開花結果的一天。對人類而言，「相信」是非常重要的事情。我們必須相信自己的可能性，相信工作的可能性。

第8章

如何做一個模範上司、前輩

以無私之心用人

用人的原動力，存乎一顆公平無私之心。所謂的無私，是指不貪圖個人利益，或者不會根據個人的喜好或情況下判斷。

一個擁有無私之心的領導者必有眾多追隨的部屬。相對的，以自我為中心，私欲之心隱然若現的人會招惹他人的厭惡感，當然就不會有人追隨。

明治維新的功臣西鄉隆盛留下一段話：「愈是不要錢、不要名、不要命的人就愈難以對付。但是，國家大事也只能交給這種難應付的人去處理。」他的意思就是說，除非是沒有私欲的人，否則是不能坐上高位的。

領導者的一個指示可能會提振部屬的士氣；相對的，有時候也會讓部屬吃苦受罪。然而，如果只根據自己的方便與否下達指令或決定事情、感情用事，這樣的人是不會有人追隨的。

領導者首先應該要確立自己所在的位置，然後跳脫私利私欲，把自己的座標軸擺放在「為了自己的團隊」這樣的大義上。

自我犧牲，將贏得信賴

領導者必須要有自我犧牲的勇氣。

一個團隊要做某件事時，需要有相對的能量，也就是有代價的。那是領導者應該率先付出的東西。

領導者主動展現出自我犧牲的勇氣，就可以獲得部屬的信賴，提振眾人的士氣。

想要讓職場變成一個比較容易工作的地方，重點不是要塑造一個對領導者而言方便工作的環境，而是要讓職場中的大多數人工作起來感到愉快。所以，有時候領導者會被迫做出一些自我犧牲。如果領導者沒有這種自我犧牲的「勇氣」，職場就不可能獲得改革、改善。

如果只希望有個符合領導者方便的職場，恐怕就沒有部屬願意追隨了。

唯有領導者自我犧牲，構築一個讓團體中的大多數人工作起來很舒服的環境，才能得到部屬的信賴和尊敬、職場的協調和規律，以及發展。

體現職場的倫理

領導者必須要有勇氣，並且清廉。

換言之，領導者絕對不能膽怯懦弱。團隊的領導者必須是一個不只用頭腦去理解職場的倫理和規則，還要實際去體現的人。

領導者若有膽怯懦弱的行徑，就等於容忍不正當的行為，會在團隊內部引起混亂。此外還會失去部屬的信賴和尊敬，造成職場內部的欺瞞和倫理的沉淪。進退出沒要明確，一旦有錯，就坦率地承認，向團隊和部屬道歉，絕對不可推諉塞責，為自己找藉口。

不要忘了，部屬隨時都在觀察領導者的一舉手、一投足。唯有率先做典範，自己實際表現出希望部屬做到的事情，才會有部屬願意追隨。

領導者要牢牢記住，領導者的行為、態度、姿態，不管是善是惡，不只事關當事者一人，甚至會像野火燎原一樣，擴散到整個團隊內部。

團隊，正是清楚反映領導者的一面鏡子。

投注能量

一個好的主題交給了部屬，但如果當事人沒有投入其中的熱情，就無法成就工作，這是無庸置疑的，就算備齊了所有物質上的條件也一樣。

相對的，我認為，就算物質方面的條件不齊全，如果領導者能夠竭盡全力地把「無論如何，這個工作都一定要完成」的理想傳達給部屬，把部屬的士氣提高到與自己同樣層級的話，工作應該就會有結果。

也就是說，領導者要把本身的熱情、能量投注給部屬。只要把領導者本身的能量注入到部屬擁有的能量當中，將部屬的能量提升到與自己同等，甚至超越自己的程度就可以了。

當領導者下達命令「給我做好」，而部屬也口頭上回應「了解」，在這種情況下，成功機率能否達到三成還不得而知；如果部屬回應一句「我會加油」，則成功機率大約有五成。如果可以把部屬的能量提高到「這是我自己的工作，所以無論如何都要完成它」，我相信就會有九成的成功機率。

徹底掌握部屬對工作有多少熱情。如果部屬沒有熱情，領導者就要想辦法投注熱情到部屬身上，這也是領導者該負責的工作。

評價、任用、追蹤

所謂的培育人才，就是要實際任用，然後嚴格地教導，培養其自信，也就是讓部屬有機會增加實際經驗。

但是，要任用部屬，就要針對部屬做評價。上位者必須針對這個人是否具有充分的資質以完成任務一事做出評價。

此時就需要針對人性和能力兩方面進行評價，我個人則是以人性的評價為優先考量，因為人格會對工作造成重大的影響。

話又說回來，對部屬做了正確的評價，也把適當的人分配到可以完成任務的位置，到了這個階段，我還是不會完全放手。

人一定都有優缺點，所以要不斷地觀察部屬不足或缺失之處，持續追蹤。針對缺點，可以要求當事人補強，或者以其他人進行輔助。當然也不能忘記提點當事人缺失的部分，刻意加以訓練。

但最重要的是，領導者本身當然要具備足以評價部屬的優秀人格和以人格為基礎的卓越能力才行。

以大善之心引導

領導者必須秉持愛心與部屬互動。但是，所謂的愛心，不能是溺愛，有個名詞叫「大善和小善」。

舉例來說，我們因為孩子太可愛而寵愛有加，等孩子長大成人，便會對人生產生了誤解。相對的，我們對孩子施與嚴格的教育，教養有方，最終幫助他們走上了美好的人生之路。前者稱為小善，後者稱為大善。

在職場中，也有各種不同類型的上司。我相信有些體貼的上司會聆聽部屬的意見，讓年輕人們好做事。但是，當中也不乏嚴格要求部屬的上司。

如果毫無信念，只是一味地迎合部屬，那麼這種上司對年輕人而言，絕對沒有幫助。對年輕人而言，跟隨這種上司做事是很輕鬆愉快的事情。但是，這樣的模式卻對他們沒什麼好處，甚至會讓他們往下沉淪。

就長遠的目光來看，嚴格要求的上司反而可以讓部屬獲得鍛鍊的機會，可望大大地成長。

有人說「小善似大惡」，也就是說，我們必須思索，短期來看像是正面的事情，對本人而言是否是真的有幫助？領導者必須看清楚自己對部屬投注的真正關愛之情到底是什麼。

第 9 章

如何成為一個優秀的領導者

將團體帶往幸福

什麼樣的人適合做領導者？本身就具有相當程度的能力，也擁有領導的才能，保有美好的人性，堪稱是最理想的領導者。

有一件很重要的事，需要這種人理解，那就是——為什麼上天要賦與你身為領導者的才能呢？這個人不一定要是你，即使是其他人也可以。

我認為，才能是上天以一定的比例賜給人類世界的資質，以便將團體帶往幸福。所以，在因緣際會下被授與這種才能的人，應該將才能用在為世界、為社會、為團隊上，而不是為了逞個人之私欲。

換言之，天生具有才能的人應該要率先完成上天賜與身為領導者的任務。不能是一個自誇其才、舉止傲慢的領導者。

天賦的才能不能私有化。我們應該要做一個謙虛、為了團體的利益而行使本身才能的領導者。

改革、創造現狀

領導者必須隨時保有創造心。

必須隨時保有想要追求、創造某種新事物的想法。因為，如果沒有持續將某種具創意的事物帶進團隊，這個團隊就難以期望有持續性的進步和發展。滿足於現狀就等於是退步。

以維持現狀的心態處理事情的領導者，其生存方式也會對團隊造成同樣的影響。如果這種類型的人成為領導者的話，對團隊來說，應該是最悲哀的事情。

所謂的「創造」，是從持續深度地考量再考量的痛苦中，好不容易才產生的。絕對不是從靈光一閃，或者單純的創意中就能獲得。

所謂具有創造性的心，是指持續且強烈的願望，其所帶來永無止境的追求之心。你必須是一個從深度思考，也就是從痛苦、掙扎、徘徊猶疑當中產生出來的，具有創造性的領導者。

保有謙虛的態度

一個領導者必須隨時保持謙虛的態度。

有人一坐上位高權重的位子就頓時墮落，變得傲慢不遜。我相信在這種領導者底下做事，就算一時獲得成功，後續也將得不到周遭人的協助，團隊恐怕無法永續成長發展吧？

目前，強烈保有以自我為中心的價值觀和自我主張的人有慢慢增加的趨勢，這將會導致雙方的對立和激烈衝突產生。

另一種觀點則是日本自古以來的傳承想法，那就是，了解因為有對方，所以自己才存在，或者了解自己只是整體的一部分而已。

只有透過站在這種相對的立場去體認事情，才能確保團隊的融合與和平，才能謀求協調。

也就是說，領導者必須了解，要在團隊中塑造這種良好的氣氛、良好的社會土壤，就要保有「因為有部屬，所以我才得以存在」的謙虛態度。

有這種謙虛精神的領導者，才有望建構起一個在融合與協調的氛圍中持續成長發展的團隊。

具有判斷的標準

領導者每天都會面對部屬提出的各種諮詢，必須下各種決定；回到家之後，仍然要面對家人的問題並下決定。

下判斷這種事，是要將問題拿來和存在於自己內心的「標準」比對之後，再做出決定。

但是，也有人根本就沒有這種標準。因為沒有自己的尺度，所以只好把自己的判斷都交給世俗的常識或先例、別人的建言來決定。

此外，有些人的標準是非常自私自利的，以自己的利益做為判斷的唯一標準。這種人確實是有標準，卻總是做利己的判斷。

人生是由一個又一個的判斷堆積而成的。如果能夠做正確的判斷，就可以過著美好的人生。為了達到這個目的，我們必須擁有可以成為「標準」的哲學觀念。

所謂的哲學，就是指根基於公平、正義、誠實等生而為人的道理的想法。領導者必須以此做為判斷的標準，進而做為人生的規範。

健康的身心塑造公正的判斷

領導者應該要小心翼翼地注意自己的健康。

因為當一個團隊的領導人在下決斷時，如果因為自己的健康因素使然，導致做出了不利的判斷，那就很傷腦筋了。

也就是說，如果在下某個決斷時，健康出了問題、身體狀況不佳的話，體力就跟不上步調，導致所下的決斷偏離了本來應該走的正規道路。

領導者的私心會將團隊帶往錯誤的方向，使團隊蒙受不幸。

極端說來，我認為，當領導者無法掌控自己的健康和體力時，就應該讓出位子了。因為從那一瞬間開始，他可能就無法做出公平而正確的判斷了。

如果能夠活用多年來的經驗和知識，照樣可以以幕僚的身分完成任務。

領導者必須是一個有光明正大、誠實的心，可以做判斷、下決定的人。

換言之，必須是一個沒有任何一絲私心和具備健康身體的人。

磨練自我

我相信，一旦成為領導者，必定會相當忙碌。但是，領導者還是切記要自我磨練。

拚命努力工作固然是一件好事，但光是專注於工作，不管是在人性或技能上，都只是停留在職場的層級，會變成一個不通人情世故的人。

此外，因為沒有洞察世俗的眼光，所以會看不清楚因為有對方，自己才得以存在的相對立場。也因為不知道透過和對方的關係，才能清楚地認識自我的現實，所以往往會形成一種獨裁。

拚命工作並不能造就一個優秀的領導者，一個領導者應該廣泛地具備人性、技能和見識。

利用假日走進書店，光是瞄幾眼書名，就能找出幾本自己應該閱讀的書。為了提升自我，每個月閱讀二至三本書，塑造自我人格，這是必要的。

提升、磨練自我，也是領導者應該自主投入的工作之一。

第10章

如何執行真正的經營

保有高次元的目的

如何設定經營的目的是很重要的一件事，我認為應該儘量鎖定在高次元才對。

為什麼需要高次元的目的呢？從事經營活動時，我們必須燃燒熱情，提高能量。但是，想獲得名和利的欲望雖然擁有強大的能量，另一方面卻也伴隨著恐懼。這種恐懼會削減我們的能量。

我們既然生而為人，就需要有大義名分。我們的目的必須禁得起任何人質疑，也對得起自己的良心檢視。只要是可以光明正大宣告的美好目的，就可以不用顧慮任何人，儘量提高我們的能量。所以，經營的目的當然是愈高次元愈好。

經營的目的，換句話說就是經營者的人生觀。從偏頗的人生觀衍生出來的瘋狂熱情，有時候也許能短暫地獲得成功，但是必然會很快地面臨失敗。

相對的，一旦人生觀或哲學獲得淨化，成為一件美好的事物時，我相信，在獲得成功之後，就不會因為同樣的因素而失敗了。

注意企業的目的

我在創業一年之後才發現，我做了一件吃力不討好的事情。

我們八個創業成員當初是想要確認自己的技術是否能獲得一般人的認同，所以成立了公司。但是我們最初任用的年輕員工卻想把自己的一生託付給公司。可以預期，這樣的落差對工作人員而言，將招致不幸的將來。

於是我不得不針對「公司的真正意義」認真地思考。我絕對不能背叛想藉由公司來描繪人生夢想的員工們的期待。

因此，我把經營的基本理念從測試自己的技術轉換為「追求全體員工物質上和精神上的幸福」和「為人類和社會的進步發展做出貢獻」。

也就是說，首先，我把守護在公司上班的全體員工，還有他們的家人在內的所有人，讓他們過著幸福的人生視為經營的支柱；然後更進一步，利用我們的技術對科學技術有所貢獻，再拿一部分的利潤去繳稅，為公共福利略盡棉薄之力，成為人類進步的一個助力。

我認為，這是企業的唯一目的。

方向一致

人生而為個體，自由地生存。所以，我覺得每個人有各種不同的發想是一件好事。我也認為，在組織當中，每個人在全然自由的發想下採取行動，同時取得協調，這是最好的狀態。

可是，以我的經驗來看，這純粹是一種理想。事實上，沒有任何一件事情是可以在不整合力量的情況下運作順利的。綜觀歷史，沒有任何一個團體是由眾多我行我素的人聚集在一起，而能長久繁盛的。

因為，如果構成團體的每個人，志向不一致的話，力量就會分散，無法持續發揮更大的力量。因此，團體的前進方向必須永遠是整齊一致的。

所謂的方向一致，就是共享想法的意思。整合以人的角度來思考、行動時最基本的哲學，並以此為座標軸，盡情發揮每個人所具有的特性。

如果只是由同好組成的團體，每個人就只要自由地發想和發揮特性就可以了。然而，如果是有目的的團體（公司），那就必須建立起共同的價值觀，之後才能永續地、集中地投入其中，達成目的。

看清本質

當社會變得複雜，發生的現象也會跟著變得複雜。如果只是看現象面，往往會被高度複雜化的社會現象攫去注意力，而漏看了本質。但是在從事經營活動時，看清存在於現象中的本質，是很重要的事情。

舉例來說，因為日本列島改造論（一九七二年當時日本通商產業大臣田中角榮所提出的論述）而引起了炒地皮的熱潮，許多公司都期待地價會大幅上漲，於是爭相購買土地。可是，我告訴自己，最穩當的做法是揮汗工作，製造產品，將產品賣出去，獲得利潤，所以我並沒有一窩蜂地跟著買土地。

後來發生石油危機，相繼有公司因為把資金都押在土地上，導致公司的運作變得捉襟見肘。

當時我的公司保有高流動性的資金，金融收支也是黑字，也有能力做新的設備投資，因此獲得大眾極高的評價。

我並不是能夠預見未來。太多人都被現象面攫去注意力，太過附和時勢潮流，而我只是仔細地思考何者才是正確的，謹守自己的生存態度。

光明正大地追求利益

經營者必須為自己的企業、團隊創造利益。

這絕對不是什麼可恥的事。在自由競爭的原理主宰一切的市場，光明正大地從商所得到的利益是非常正當的東西。因為這些利益是經營者和其團隊在嚴苛的價格競爭中，以合理化的方式，努力地提高附加價值，流血流汗所爭取到的，所以是光明正大得到的。

但是，我們不能因為過度追求利益，而以就人道而言堪稱可恥的手段去從事經營活動。我們應該遵循正道，光明正大地透過工作、經由產品，獲得高度的利益，做為自己努力的成果。

以違反眾人利益的卑劣手段，夢想一夜致富的事情是不可行的。石油危機的時候，有些企業認為這是千載難逢的機會，遂惜售物資，故意提高價格。如今仍然持續成長、發展的企業經營者中，應該沒有人在當時忘了本分，貪求這種暴利。就算有，我相信該企業的壽命應該也所剩無幾了。

討顧客歡心

有些人會誤解「企業是追求利益的團體」的意思，推動工作時就只管自己賺錢就好。

這是絕對不行的。姑且不說公司外部的顧客了，即便是公司內部的各部門之間的互動，都要討對方的歡心，這是行商的基本。

我們總是被出貨日期追著跑，拚命工作，無非也是希望在顧客需要時，我們能立刻將產品送達。此外，我們一直秉持必須研發「嶄新的製品」的信念，也是因為想滿足顧客的希望。我們必須不斷地開發新產品，好讓顧客獲得更高的利益，一切都是從「討顧客歡心」這一點出發的。

現在好像還是有很多人只考慮到自身的利益。然而，這種以自我中心為觀點思考事情的人，是很難遇到商機上門的。懂得做好生意的人，就是能夠為對方賺取利益的人，這種做法能帶來商機，更能創造出自己的利益。

受顧客尊敬

所謂的行商，有人說就是信用的累積。也就是說，相信我們的人一旦增加，我們能賺到的錢就愈多。此外，「賺錢」這個名詞就代表一種相信，自古以來人們就是這樣說的，但是我認為背後應該還代表著更多的意義。

當然，信用是最基本的要素。在正確的出貨日，以低廉的價格和優質的服務精神，提供好商品給顧客，就可以獲得信用；如果賣方還具有好的德行和人格，就可以獲得顧客超越信用之上的尊敬。

我認為，行商的最極致境界就是獲得顧客的尊敬。如果能夠獲得顧客的尊敬，決定買或不買的關鍵就不在價格了，顧客應該都會無條件地購買。

所謂的德行，是超越價格、品質、出貨日期等物理性的服務之上，是從商的人應該具備的哲學。換言之，就是自然地讓人對我們產生尊敬信服的器量。只有具備了這些要素之後，才能有優異的經營表現。

明示企業哲學

日本式的經營受到廣大的注目。以歐美人士的眼光來看，他們無法理解：「為何員工願意為公司賣命工作？」他們認為一定是因為公司有非常優秀的系統制度。

其實不然。日本人的勤勉特質，根基於日本自古以來就高度崇尚勤勉的傳統價值觀。日本的企業之所以那麼優秀，也是因為具備這種價值觀的中堅員工賣命工作的關係。

但是，如果再過十年，成長於物質豐裕時代的世代，將在企業裡佔有中心地位，個人主義也會隨之抬頭。到時候，日本的各個企業一定也會像美國產業一樣，因為個人主義過頭，使得人們失去熱愛工作的心，然後從此走上衰退。

即便在個人主義盛行的美國，也有像ＩＢＭ或惠普公司一樣，致力於宣揚企業的思想、哲學，持續發展的企業。日本的經營者們不能仗著員工在美好的舊時代基於倫理觀念的勤勉特質，必須對年輕的員工明示企業哲學，讓他們了解工作的意義、生存的價值，努力地搏取共鳴，否則就無法從美國產業的沒落中學到教訓。

第11章

如何塑造以心靈為基礎的企業

心靈創造偉大的業績

我在經營企業時，一向以人心為考量基礎。換言之，我在推動經營活動時，總是把焦點鎖定在：「如何才能在企業內部實現穩固、相互信賴的心靈結合。」

就像一個人想要被愛，就必須先愛人一樣，想要構築起以心靈為基礎的人際關係，經營者自己就要擁有一顆美麗的心，如此一來才能夠吸引保有美好心靈的人們追隨。

我保持這樣的心態，自我提醒不能有身為經營者的任性心理。工作時我總是摒除私心，戰戰兢兢地做事，期望拉攏員工的心，願意為公司賣命。

人心確實是最難以掌握、最容易見異思遷、最不可靠的東西了。但我也認為，在世界上，再也沒有任何東西像「心」一樣強大、穩固而重要。

綜觀歷史，因為人的心靈結合所促成的偉大業績，實在是不勝枚舉。但相對的，我們也很清楚地知道很多例子都是因為人心離散，因而造成團隊的崩毀。

不要忘記，心靈會召喚同樣頻率的心靈。

信賴構築於自我的內在當中

有可以信任的人際關係，企業才得以成立。

那麼，如何才能構築可以相互信任的人際關係呢？我想，一開始應該是要結交可以信得過的同伴吧？也就是說，要對外尋求信賴關係；可是，事實不是這樣的。我發現，如果我們自己沒有一顆值得讓人相信的心，那麼可以互相信任的人們就不會為我們所吸引了。所謂可以互信的人際關係，其實正是自己內心的反照。

我也曾多次遭人背叛，但是我不在乎。我告訴自己，就徹底地相信人吧。我經常捫心自問，自己的心態是否保持在足以讓對方信賴的狀況？同時期許自己的心能夠提升到更好的境界。

就算自己經常蒙受損失，我依然願意相信人。只有這樣，才能產生信賴關係。

所謂的信賴不是對外尋求的，而是要內求於自己的心。

體貼心贏得信賴

我相信，業績持續成長的企業，其經營者都是因為認為員工們會追隨著自己的腳步一同努力，所以才會站在最前線，埋頭苦幹，賣力推動工作。

說起來這是很理所當然的事。但是，我們絕對不能忘記，要不時地回頭觀看，確認員工們是否真的追隨在我們身後？

想要讓員工心甘情願地追隨，經營者和員工之間就必須要有一種特別的關係，那就是員工信賴經營者，或者超越信賴，達到尊敬的程度。而要做到這一點，平常的心靈互動就非常重要了。

在忙碌的日子裡，要和所有的員工互動，當然是不可能的事情。可是，重要的一點是，不能擺出高高在上的姿態，要重視和員工些許接觸的機會。也就是說，可以找機會和員工一起吃飯，或者適時說些慰勞的話。這樣的體貼用心可以打動員工們的心。一直保持這樣的態度，公司內部的氛圍就會一片祥和。

另一方面，信賞必罰當然也是必要的。可是，在經營者嚴格要求的行動背後，要隱約表現出體貼的心。如此一來，經營者才有籌碼提出嚴格的指示或要求。

讓企業豐收

當把企業的利益和經營者本身的利益放在天秤的兩端時，經營者必須隨時保有一種倫理觀，那就是「把重量放在企業上」。

舉例來說，當企業的股票要上市時，有兩種方法可行，一種是將原本股東持有的股票釋出到市場上，另一種則是企業發行新股票到市場上。採用前者的方法時，利潤就進入包括經營者在內，擁有股票的人手上；相對的，如果採用後者的方法，則利潤會全部進入企業中。

我是立刻決定採用發行新股票的方法。因為我牢牢記住，公司裡有許多同事為了夥伴，也就是真正可以互相信任的搭檔，不惜犧牲生命地拚鬥，而員工也了解我的用心，所以願意沒日沒夜地為企業賣命。

為了身為夥伴的員工們的將來，經營者要想辦法讓企業豐收，永遠繁盛。這是身為經營者的基本道德。

保有崇高的目標

關於公司的理想樣貌一事，眾說紛紜。但是，說到這件事，如果沒有提到「想要塑造什麼樣的公司」的企業目標時，那就什麼都不是了。

如果目標是「成為第一名」那般地崇高的話，經歷的過程應該也非比尋常才對。

左右企業經營的要素，有看得到的部分和看不到的部分。所謂看得到的部分，包括可以用物理性的計算來衡量的資金能力、技術開發力、機械設備等；而看不到的部分，則指企業高層和員工醞釀出來的公司文化、哲學和理念等。

想要達成崇高的目標，這些要素都必須發揮機能才行。如果想成為第一名的企業（在企業哲學、行動指針方面也一樣），就應該擁有超級一流的內涵。對經營者或員工來說，這些想法或許枯燥無趣，也或許得要過著嚴峻的生存方式。

如果有「想要塑造一流的公司」、「想要在優良的公司工作」的想法，就要有相對應的過程，包括經營者在內，每個員工都不能忘記自己有應該要完成的義務。

獲得超越世代的共鳴

當經營者把自己的哲學傳達給公司內部的人員時，有時候因為年齡差距、生活環境、人生經驗的不同，使員工在理解事情的層次上會產生一些代溝。

如果經營者和員工之間的年齡層沒有多大差異的話，雙方在興趣或行動上都可以溝通，經營者可以透過這種親近感拉攏員工。

可是，若兩者之間的年齡差距宛若親子一般，那麼，經營者的哲學當中，反映時代背景的色彩愈濃，就愈難讓年輕人接受和理解。

想要獲得年輕人的理解，經營者的哲學就必須具普遍性，必須是人類共同的基礎才行。即便年代相隔久遠，只要是立基於「生而為人所該做的正確事情」的原理原則，這樣的哲學就可以超越世代的鴻溝，引起共鳴。

有人慨歎「最近愈來愈多的年輕人好逸惡勞，不願意工作」。但是，對自己的未來懷抱夢想，努力往前邁進，應該是一種超越世代的共同想法。

我相信，如果可以有夢想、有興趣，「再辛苦的工作都可以接受」的年輕人絕對不在少數。我想，只要訴諸這種共同的基礎，一定可以獲得年輕人的共鳴。

角色創造職階

我覺得公司就是一個表演企業經營這齣大戲的「劇團」。俊男演員和美女演員擔任主角，身邊有配角和壞人，另外還有幕後的大小道具人員、撿場人員，以及負責音樂和燈光等的工作人員，整齣戲才能順利進行。

大家都是平等的，只是角色不同而已。但是，如果只講求平等的原則，而讓主角穿上撿場人員的衣服的話，那就戲不成戲了。主角必須根據不同的角色穿上好的衣服，表現出好的一面。

公司也一樣。社長也是一個任務、角色，如果主角衣衫襤褸，將有損公司的門面，所以社長搭乘符合該角色身分的好車，這在商務交際上來說也是必要的。享受符合所負重擔的待遇也是必要的，因為他扮演的就是這種角色。可是，如果只是因為扮演社長的角色，就全面貫徹任性自我的方便主義的話，那就是把角色誤認為一種特權了。

就算是創業經營者，也不能任性妄為。從頭到尾都必須遵守平等的法則，每個人之間的職階差異，只是為了完成任務而存在的。

第12章

如何開啟新的活路

要求嚴格的課題

有句話說：「一塊木板底下就是地獄。」

剛創業不久的企業，員工就像這句話所形容的，在不知明天會如何的危機中拚命地努力工作。然而，隨著只知道公司不斷發展、狀況變得豐裕的新世代人員增加，員工的工作態度和意念也跟著變質了。

或許這也是理所當然的。我相信，我們很難要求搭乘鋼鐵鑄造的結實船隻的人去體會「一塊木板底下就是地獄」的心情。在充滿危機的狀況中，四周的環境不允許我們怠慢，讓我們不得不拚命衝刺。然而，在設備齊全、資金充足的富裕環境下，要激發起冒險的精神、創立新事業，就精神層面來講，實在是太苛刻了。

儘管如此，想要勇敢地挑戰，就不能甘於優良環境的眷顧，要具備把自己逼到極限的精神力量。

我認為，如果不是在精神上嚴格要求自我的人，也就是擁有堅毅的人格、對想要往安樂的方向沉淪的自己要求嚴格的課題，真心地為自己的工作而耗費心力的人，就無法在這個條件豐富的時代開出一條嶄新的活路。

醉心於工作

我認為，想要讓事業成功，首先要懷抱夢想，然後沉醉於該夢想中。

一般而言，推動事業時「必須醉心於自己的創意當中」。本來應該要根據嚴密的收支計算、採購預算等情況來推動事業，但是卻有很多人因為在沉醉於夢想的狀態下創立事業，以至於功敗垂成。

但是，下定決心放手一搏的動機所激發出來的熱情，卻是絕對不可或缺的要素。

舉例來說，我在開創第二電電（現ＫＤＤＩ）等事業時，要不是醉心於夢想，是絕對無法成就事業的。因為這需要龐大的資金，而且沒有人可以保證一定成功。所以，就算以理性來判斷，也總是得到絕對「不可行」的結論。

之所以讓我下定決心，放手一搏，是因為我置身於「醉心」的狀態，而這為我帶來了熱情。無論如何都要成就這個工作的想法，讓我下定決心採取行動。

但是，醉心的狀態要在決定採取行動之前止步。在下定決心的那一瞬間，當然就要以和醉心背道而馳的理性，針對具體的方案徹底考量。

保有良善的動機

「保有良善的動機」，在經營企業時，我經常這樣自我要求。也就是說，在發展新事業時，我會告訴自己「保有良善的動機」。當想做某件事情時，我會這樣自問自答，判斷自己的動機善惡。

所謂的善，以一般人的標準來說就是好事；而所謂的一般，就是看在任何人眼中都有這種感覺的意思。不是光考慮自己的利益、方便、適當就可以成就事物。行動的動機必須是自己跟他人都能接受的才行。

此外，在推動工作的時候，我也會要求「保有良善的過程」。若為了得到結果而不惜採用不正當的手段，總有一天會自食惡果。在執行的過程中，也不可以悖離人道。

換言之，我們必須自問「是否出於私心」，隨時檢視自己是否以任性的心態、自我為中心的發想來發展事業。

我堅定地相信，只要動機和執行過程是良善的，那麼，結果根本無庸置疑，一定是成功的。

努力活過今天

我從來就沒有擬定過長期的經營計畫。因為我認為，連今天的事情都還沒有順利搞定，也不知道明天會如何，怎麼看得到十年之後的狀況？

所以我認為，就讓我們拚命地過今天這一天，拚命地做今天這一天的工作，多下一點工夫，好讓我們可以預見明天的狀況。而且我也堅信，每天不間斷地累積出來的成績，在經過五年、十年之後，一定會變成巨大的成果。

我抱持的想法就是：「與其去論述不知道會有什麼變化的未來的事，不如好好地過今天這一天，要來得重要多了。」一路努力研究、推動經營。

我敢斷言：「只要完美地過完今天，明天就看得到希望。」反過來說，只要可以持續這種生存方式達三十年之久，就可以看到前頭的變化。

這也印證了一句話：「窮究一件事，就等於了解所有的事情。」也就是說，只要認真過活，我們就能體會萬事萬物共通的道理。只有好好地活在今天，才能洞悉將來。

詳盡思考工作

我在開展新事業時，從來不曾感到不安或擔心。

開創新事業的過程當然不盡然都是平坦的道路，每一條路都是每走一步就會碰上一道牆，得想辦法越過一道又一道的障礙。但是，我從來沒有感到一絲絲的不安。

因為我知道這個事業會成功，而且我也看得到通往成功的過程。

所謂運作順利的工作，必須是可以預知最後的終點，從開始運作之前就充滿自信，充滿了「我曾經走過這條路」的想像。

為了達到此目的，就必須隨時思考關於工作的事情。一再思考，直到沒有留下一絲絲疑問為止，在腦海中徹底地進行模擬。如此一來，想法就會成為視覺的影像停留在腦海中。我認為，這些影像必須鮮明到看起來是彩色的才行。

這種「看得到」的狀況就是通往成功的確信，會衍生出讓一個人採取行動的強烈意志力，通往成功之路。

單純化後再思考

經營者每天都會遇到各種問題，但是，當這些問題傳到經營者的耳朵時，多半都已經演變成相當糾結、複雜的狀況了。

身為經營者必須加以解析、分析，思考接下來要採行的辦法。然而，問題就像糾纏在一起的細線一樣，要拆解開來是相當困難的事情。

想要解開糾結，不能直接從糾纏的狀態下手，應該要回歸原點，探討為什麼會引發這個問題。從現狀一步一步地回溯，試著去找到源頭。如此一來，就可以非常清楚地了解到，事情是循著什麼樣的脈絡形成問題的。

在形成問題之前，狀況其實是很單純的。要根據單純的狀況，謀求解決的方法。

沒有看透真相的人因為試圖直接從糾結的狀態下手解決問題，結果使得狀況更加地糾纏不清，呈現紛雜而怪奇的樣貌，最終無法順利解決。

很多人都會把簡單的事情想得太複雜。

不管是在經營事業方面，或者是開發技術的領域裡，從眾多的現象當中抽絲剝繭的能力是非常重要的。

以人性為基礎

把業務拓展到國外，讓企業國際化是當務之急。但是，此時不能忘記有件很重要的事情。

那就是構築並保有國際化的企業理念。否則，即便有再好的技術，再雄厚的資本，我想在海外的業務都不可能獲得實質上的成功。

有人辯論是日本式好呢？還是美國式好？其實重點不在這裡，我們需要的是超越國界的、生而為人能夠共享的理念。

尤其是在當地掌管企業的日本領導高層，必須具備讓當地的管理階層及現場的負責人都打心底為他所吸引的人格魅力。身為領導者，不單是在技術方面，在人格方面也應該讓當地的人產生想脫帽致敬的想法。

我認為，除非安排一個才德兼備的領導者，在生而為人所能共享的理念之下，超越語言、人種、歷史、文化的差異，讓人們自然地產生尊敬之心，否則在海外的業務是不可能獲得成功的。

撤退的決定

經營者經常面臨各種必須下決定的狀況，而撤退事業算是是在眾多的狀況中比較困難的一項決定。這個問題等於是說，當某個事業無法創造出足夠的利潤時，該在什麼時間點放手？

如果只是做了一點嘗試就打退堂鼓，那麼做任何事情都得不到成果；相對地，如果過度深入，又會造成無可挽回的局面。

我就像狩獵民族追捕獵物一樣，以「除非成功，否則不放棄追逐」為原則，然而，一路走來的過程中，我也曾有在中途就撤退的經驗。

至於我當時為什麼會下這種決定，那是因為我的精神狀態已經處於「弓折箭盡」中。

姑且不說物質上的要素了，如果沒有熱情，就無法開創新事業。當我持續追求，直到熱情耗盡為止，卻依然無法成功時，我就會知足地撤退。

前提是要全力地奮戰。但是，不是所有的事情都能照我們所想的運作。

此時，我們要能夠判斷真正的引退時機。

第 13 章

如何擴展事業

突破自我的常識

有些企業不管經濟再怎麼劇烈變動，都能夠保持五％的利潤。因為經營者本身認為，五％的利率是一種常識，不想掉到五％以下的願望，強烈地烙印在意識中。面對掉落到五％以下的危機時，就會採取某種行動，避免重大的損失。

然而，這樣的經營者也不會有超越五％的企圖心。這是精神層面可怕的地方，雖然努力避免利潤下降，但是卻也沒有想要提升到一〇％、一五％，甚至更高的水準。因為經營者深信這是不可能的事情。

也就是說，因為經營者是根據常識設定目標，所以把利潤提升到常識的層級就感到滿足，而沒有想再向上提升的願景。

根據既定概念來推動事業的經營是不可取的。唯有當一個不受限於框架的「心靈的自由人（野人）」，才能發揮創意，並達成高收益。經營者必須突破自我的常識，自我變革才行。

定價左右經營

我主張「定價就代表經營」。

決定價格時，因為要在市場上競爭，所以定價應該會比市場價格還便宜一些。價格的設定是沒有階段性的，可以比市場價格低很多，減少利潤，以求大量銷售；或者只略比市場價格低一點，提高利潤，只求少量出售。

也就是說，我們透過銷售量和利潤幅度的乘積來求取極大值。但是，這當中存在著各種不同的因素，不是那麼簡單就可以理解的。預估銷售多少量能得到多少利潤是一件非常困難的事情。因為定價會大幅左右經營狀況，所以我認為應該由高層自行決定。

如此一來，採用什麼價格就與高層所保有的哲學扯上關係了。強勢的人會強勢地決定價格，懦弱的人則會懦弱地進行。

如果公司的業績因為定價而變差的話，我認為那就是經營者的才能問題，是心靈的問題，是經營者所秉持的哲學貧乏使然。

市場決定價格

我從來就不是成本主義的人，也就是說，我不會把各種費用加在原物料費上，再加上利潤，以這種層層堆疊的方式決定價格。

一般來說，價格這種東西是由競爭原理中的市場機決定的。也就是說，是顧客在決定價格。

如果價格是市場上決定的，那麼，重點就在於努力降低製造成本了。製造成本和價格之間的差異就是利潤。所以，努力將製造成本控制在最小，就等於是將利潤極大化。

想將製造成本控制在最低，就要將材料費多少%、人事費多少%、某某經費多少%等既有觀念和常識完全排除在外。

要思考的是，在滿足市場所需要的價格和品質條件的範圍當中，如何將價格降到最便宜。把重點鎖定在這件事情上，將所有的費用都趨近於最小。

一方面滿足顧客的需求，另一方面努力尋求最大的利潤，這就是經營。

每天製作損益表

經營活動並不是站在高處控制整個局面的高超技藝，我認為應該是一種更踏實的日常活動。

所謂的經營，不管是大企業還是中小企業，都是每天的數字累積。沒有了每天的經費和營業額的累積，就無法成就經營活動。

也就是說，真正的經營方式不是看著月底的損益表來進行的。每個月的損益表是透過每天的買賣累積製作的，所以在從事經營活動時，應該秉持形同每天製作損益表的感覺來進行。

如果不看著每天的買賣數字進行經營活動的話，那就跟搭乘飛機，在不看儀表板的情況下操縱飛機一樣，根本不知道飛機要飛往何處，要在何處降落。同樣的，如果不注意每天的經營狀況，就無法達成目標。如此一來，遑論有預期中的經營成績。

我認為，損益表正是經營者每天的生活樣貌累積出來的結果。

拋開私心，以利潤為主

對經營者而言，繳稅是一件很痛苦的事。辛苦賺來的利潤還包括應收帳款在內，不見得有現金剩下來。可是，其中一半以上的利潤還必須以現金繳納稅金，稅金真是殘酷的東西。

也許只有經營者知道箇中的苦。對員工來說，那是公司的錢，是事不關己、不痛不癢的。可是，經營者卻會覺得自己的錢被強取掠奪了。因此，便出現為了逃稅而開始耍些小手段的經營者。

這當然是錯覺。公司的利潤絕對不是屬於經營者的，而且稅金是要運用在廣大的社會群眾身上。所以，經營者的感慨是帶有個人私心的想法造成的錯誤理解。

我是把經營當成一種遊戲來看，以避免讓自己陷入這樣的錯覺中。也就是說，我不把利潤當錢來看，而是把它當成得分。如此一來，就可以站在第三者的觀點淡然地看待利潤這件事，因此可以避免做出錯誤的判斷。

可以說拋開私心才是經營的訣竅吧。

保留企業實力

我聽過有經營者表示：「公司其實是很賺錢的，但是我動了些手腳，把利潤控制在一般的程度。」也就是說，因為不想繳交太多稅金，所以大肆浮報交際費等不必要的開支，藉以減少利潤。

公司一旦有利潤產生，確實會被扣掉一半左右當稅金，剩下的一半則留在企業內。我認為在考量企業經營的本質時，必須重視這種稅後的利潤。

想壯大企業、培養企業的體力，除了儲存利潤之外，別無他法。這麼做是為企業保留雄厚的內部實力和高度的自我資本比率。所以，不論稅金再怎麼高，都要努力確保公司的高額利潤。

據說，日本企業的自我資本比率之所以低，原因來自稅制的機制。但我認為這是經營者的哲學問題。

我把稅金也當成經費來看，努力地把扣除稅金之後所剩的金額儲存於企業內部。結果得以保留雄厚的資金在公司內部，使企業穩定並受人信賴，最重要的是可以確保員工的工作。此外，企業培養出足夠的體力，也才可能挑戰新事業。

質疑組織

在經營公司時，我並沒有「公司一定要是這樣的組織才行」的發想。大部分的經營者都有組織論或人事管理論方面的知識，所以往往會有「我要建立這樣的組織」的想法。或者基於過去所遭遇的情事、經驗而認為設立組織是一般性的做法。於是造就出了不必要的組織。

我認為，為了讓公司永續存在，還有為了讓公司有效率地運作下去，組織是不可或缺的。設立組織時必須以這種想法為根基，並且為了讓組織發揮功能而配置必要且最低限度的人員。

思考的觀點並不是有組織才有經營活動，應該是「什麼樣的組織是執行經營活動所必要的」。

我在成立公司之初，並沒有經營的經驗，我也沒有經營方面的常識和知識。因此，我不得不從質疑既定概念的觀點來出發。推動經營活動時必須以「何謂事情的道理？何謂事物的本質？」為基準。

設定可以看到的目標

我認為，在擬定年度的目標營業額時，應該設定一個就算無法達成，也要發自內心期望的崇高目標，而不是難以達成、會讓人心志萎縮的目標。

所以，就算無法達成目標，我也不會去追究結果。但是，如果持續達不到目標的話，員工的目標達成能力就會喪失，或是因此而失去自信心。所以達成目標畢竟是很重要的。

想要達成目標，所有的員工就必須有共同的心願。如果只有高層對目標抱持關心，達不成目標是無庸置疑的。

目標必須加以細分，直達組織的最小單位，然後每個單位都要拚命地追求自己的目標。只要各個部門都能達成目標，整體的目標自然就可以實現。

此外，還要設定每個月的目標。如果只是以一整年累積下來的數字為目標，動機會不夠強烈。

不管是就空間而言，還是就時間來說，目標得讓全體員工都「看到」。

第14章

如何步上經營的王道

專注經營

真正的經營者是要傾自己的全知全能、全心全意地從事經營活動。不管有多麼優秀的經營手法，或者了解多少經營理論、經營哲學，都不能讓一個人成為真正的經營者。

我覺得，以甚至賭上性命的責任感過每一天、這樣的態度能持續多久，才是決定經營者的真正價值的要素。

全心全意地投入經營中，是一件非常嚴苛的事。如果以這種態度經營事業，可能就沒有屬於自己的時間，而且也要持續背負不管是就體力上或者精神上而言都難以承受的重責大任。

可是我認為，如果沒有經歷、克服過這種狀態，就沒有機會磨練成為真正經營者的資質。

一般人都認為，頂尖的人和第二名之間有著天壤之差。我卻認為，差異其實在於是否感受到自身的責任，而賭上性命投入工作當中，或者自認只是一介上班族，把所有的判斷工作都交給上頭的人。

注重經營的態度

我對員工的要求一向都很嚴格。我之所以可以做到這一點，是因為我不採世襲制。如果是採世襲制的企業，這種嚴格的要求只會被員工解讀為是出自經營者一族的私利私欲使然。

我之所以決定不採世襲制，是因為我認為第二代不見得就可以繼承我的哲學。我覺得在企業內確立自己身分地位的是哲學，如果不繼承企業哲學，就沒有永續的發展。

我想把公司的將來委託給員工當中具備優秀的人格、充滿熱情、具有優異的能力、能夠繼承公司哲學的人。

不採用世襲制，對員工而言就意味著公司是屬於大家的。換言之，就是經營者的言行舉止、對策擬定，甚至是公司的方針和哲學都沒有一絲絲的私心。就因為如此，所以我可以嚴格地要求員工，而員工也心悅誠服地接受指示。員工的工作態度就等於是經營者的態度。

建立自我

成功的中小企業經營者們似乎多半都是好勝而鬥志外露的。這種人擁有洞悉商機的目光、機靈，具有不凡的才氣和眼明手快的商業才能。

只要有這種才氣和才能，事業多半都可以順利發展。但是，光是靠著這些條件行走江湖，卻有破滅的可能。

因為這種人往往把一切交給才氣和才能來決定，因為押對了一次寶，便不斷地一次又一次出手下注。

短期內也許會順利發展，長期來看卻變成一種非常危險的經營方式。這就叫「聰明反被聰明誤」。等於是輕忽自己（靈魂），為才所役。

相對的，也有人巧妙地運用本身所具有的才情。這種人具備崇高廉潔的人格，以保有德行的「自我」來控制才能。主角一定要是「自我」才行。

鮮少有人一開始就具備理想的人格。起步時鬥志全開，仰賴才氣和才能來開創事業固然好，但若是當成一生的職志，下一步就要提高「德行」、建立「自我」，這是必要的。

累積心靈的修練

經營者經常被迫要針對許多難題做判斷，我們甚至可以說，經營者的日常生活就是由一連串的判斷所構築而成的。

遇到要做判斷時，「是左？是右？」的抉擇是很困難的，就連有名的經營者也會在百思不得其解的情況下去請教占卜師。

但是，只要身為經營者，就不得不每天持續地做判斷，如三餐便飯一般。而左右這個判斷的，就是我們的心和人生觀。

如果是以自我為本位的人，判斷的標準可能都鎖定在損益這一點吧？而一個擁有體貼溫和心性的人，或許就會受限於情感，脫離了商務的軌道。

在大戰期間，包括陸、海軍，在肩負重責大任的將官級人物中，有很多人都為中國古典文學所傾倒。他們在超越人類智慧所能處理的關頭被迫要做判斷，在該進或該退，只有天知道的艱困狀況下不得不下達命令，而他們針對人道這一條路，就是仰賴這些古典書籍的教諭來累積心靈的修練。

這些被尊為名將的人們一定知道，自己的心靈才是判斷的標準。

同時保有兩個極端

身為經營者必須保有平衡的人性。

經營事業經常被迫要做決斷。有時候，在包括幹部在內，從員工到銀行都一致投反對票的當下，經營者還是要堅定自己的信念，以「雖千萬人，吾往矣」的氣概，斷然採取行動。又有些時候，經營者也要謙虛地聆聽小員工的建言，以無比的勇氣撤銷自己的計畫。

也就是說，經營者必須同時具備慎重和大膽兩種特質，不是大膽，也不是慎重，更不是走中庸之道。被迫做決定的經營者所需要的不單是圓融的人格而已。

美國作家史考特．費茲傑羅說：「一流的知性，就是心中同時存在著兩種對立的想法，而且又能正常地持續發揮機能的能力。」也就是說，在與員工互動的時候，經營者有時候要嚴苛到「揮淚斬馬謖」般的冷酷無情，有時候又要像佛陀一樣，表現出充滿人情味的態度。

因此，能夠同時保有兩種極端，按照不同的局面區隔運用，才是協調平衡的人性。

貫徹正確之事

居高位者往往必須做出決定，如果當時沒有犧牲小我的精神的話，所做的決定恐有淪為自命不凡之嫌。

我可以舉以下這樣的經營者為例。

針對貿易摩擦所產生的貿易自由化問題，這些經營者心中知道，如果不導正失衡的貿易收支，日本在國際上將會被孤立；針對日本必須促進進口自由化一事，也舉雙手贊成。然而，當事情影響到自己的業界時，意見就立刻一百八十度大轉變，站到反對一方的陣營去了。

這就是總結贊成，各論反對，或者說前提和事實有所差異的日本特有的現象。

沒有自我犧牲勇氣的高層人士往往不願做出不利於自己的集團，或者自身的決定。結果，卻為集團或社會帶來不幸。

經營者必須有勇氣貫徹正確之事，即便本身因此遭受損失也在所不惜。

經營者的資質可以從自我犧牲這件事中看出端倪。

因大愛而覺醒

許多人都這樣跟我說：「你每天工作到那麼晚，假日也四處奔波，一點為家庭服務的時間都沒有，老婆和孩子也未免太可憐了吧？」

但是，我並不認為我犧牲了家庭。因為我追求的不是只守護自己的家庭，或者守護個人就可以的小愛，我從為許多員工帶來幸福的大愛中感受到使命感。

可是，強制別人付出這種愛卻讓我感到猶豫了。因為這種事必須是因大愛而覺醒，是自己本身的一種真情流露。如果強制沒有這種觀念的人付出這樣的愛，就會陷入「為公司盡忠，就無法對家庭盡孝」的兩難。

此外，在產生這種矛盾感的情況下還要拋開家庭，投入工作當中，恐怕也不會有太好的成果吧？

儘管如此，我還是期盼能出現因大愛而覺醒的人。因為我相信，能為集團帶來幸福的經營者必須是這樣的人才行。

得到值回辛勞的代價

當經營本身出現失誤或問題時，經營狀況當然會惡化。但是，就算經營持續發展，卻因為日圓升值之類的國際經濟情勢的變動，也會遭受重大的衝擊。

也就是說，就算公司內部體制完備，營運狀況卻因為外在的因素而出現赤字時，經營者終究是要被追究責任的。

責任重大，連短暫的休息時間都沒有，每天持續努力工作到昏天暗地，還被視為理所當然——愈是仔細思考經營者這種工作，就愈會覺得，這也許是一個很不划算的職業。

經常過著這種神經緊繃的嚴苛生活，經營者是否可以得到值回票價的報酬呢？我相信是可以的。

因為經營者挺身為事業而努力，所以許多員工才能對現在和未來抱持著希望生活下去。也因此，員工們才會信賴、尊敬經營者。

我認為，這種無法用金錢取代，獲得他人的喜悅和感謝的心情，不正是經營者辛苦付出所得到的代價嗎？

出版之際

昭和三十四年（一九五九年），以僅有的二十八名員工創業的京瓷股份有限公司（當時為京都陶瓷股份有限公司），現在已經成長為受到世人矚目的優良企業。其設立和發展的過程足以媲美一齣連續劇。

然而，如果我們只注重其令人瞠目的成長和發展，而沒有深入探究創造出今日這般業績最根本的主題的話，那我們就犯了非常大的錯誤了。

創業者稻盛和夫榮譽會長率領京瓷時所採用的經營方法，為現在的日本經營文化注入了一股新的風潮，同時也彰顯了生而為人，還有生而為日本人的心靈型態，而這是在被稱為二次戰後奇蹟的復興和高度成長的環境中，我們經常會遺忘的事情。就這一層意義來看，成為京瓷經營基礎的經營理念就不單只是企業的經營理念，也堪稱是與我們應有的生存態度息息相關、既古老又新穎的哲學。

平成元年（一九八九年），京瓷股份有限公司為了教育員工，企劃將這種哲學彙整成公司內部的刊物。稻盛榮譽會長參考了因應公司內、外部的要求而舉辦的談話或演講活動中的速記內容，再自行增刪潤飾，寫成了原稿。這份原稿的內容是以促膝長談的方式，為走在同樣路上的年輕人們陳述稻盛先生為人生和工作所苦惱、在痛苦當中所學到的事情。PHP研究所在因緣際會之下，得到了受託企劃這份公司內部刊物的工作機會，然而在拜讀原稿的過程中，我們發現，將這種哲學普及於大眾而不僅限於京瓷公司內部，將會具有非常大的意義。

除了京瓷之外，還挑戰電信業、創立第二電電（現ＫＤＤＩ），同時也參與許多社會活動的稻盛先生以太忙碌，以及透過企業活動對世人有所貢獻是企業人該有的本質為由，遲遲不願對外出版。然而，基於體貼公司的年輕人，也期許能夠多少得到世人共鳴的想法，他終於點頭答應了。於是，他在本來就密密麻麻的行程當中，勉強撥出一點時間，一再地仔細潤飾、推敲內容，其全力以赴的態度，讓我們不得不俯首稱臣。我們要再度地表達由衷的感謝之意。

本書的表達方式雖然簡潔，卻充滿熱心熱情，期望除了年輕人之外，在日本第一線努力工作的許多專家或領導者們都能抽空一讀，並加以活用。

ＰＨＰ研究所

國家圖書館出版品預行編目（CIP）資料

稻盛和夫 經營者的 14 堂課（新裝紀念版）：提高心靈層次、擴展經營之道／稻盛和夫著；陳惠莉譯. -- 第二版. -- 臺北市：天下雜誌股份有限公司，2024.12
320 面；14.8×21 公分. --（天下財經；539）
譯自：［新装版］心を高める、経営を伸ばす 素晴らしい人生をおくるために
ISBN 978-626-7468-01-2（平裝）

1. CST：企業經營 2. CST：企業管理

494 113003655

稻盛和夫　經營者的14堂課（新裝紀念版）

提高心靈層次、擴展經營之道

［新装版］心を高める、経営を伸ばす　素晴らしい人生をおくるために

作　　者／稻盛和夫 Kazuo Inamori
譯　　者／陳惠莉
封面設計／Dinner Illustration
內文排版／顏麟驊
責任編輯／劉宗德、賀鈺婷、何靜芬、張齊方
校　　對／鮑秀珍、劉珈盈、林宜佳、賀璽、黃莉涵

天下雜誌群創辦人／殷允芃
天下雜誌董事長／吳迎春
出版部總編輯／吳韻儀
專書總編輯／莊舒淇（Sheree Chuang）
出版者／天下雜誌股份有限公司
地　　址／台北市 104 南京東路二段 139 號 11 樓
讀者服務／（02）2662-0332　傳真／（02）2662-6048
天下雜誌 GROUP 網址／ http://www.cw.com.tw
劃撥帳號／ 01895001 天下雜誌股份有限公司
法律顧問／台英國際商務法律事務所・羅明通律師
印刷製版／中原造像股份有限公司
總 經 銷／大和圖書有限公司　電話／（02）8990-2588
出版日期／ 2024 年12月25日第二版第一次印行
定　　價／ 420 元

書號：BCCF0539P
ISBN：978-626-746-801-2（平裝）

直營門市書香花園　地址／台北市中山區建國北路二段 6 巷 11 號　電話／02-2506-1635
天下網路書店　shop.cwbook.com.tw　電話／02-2662-0332　傳真／02-2662-6048

天下雜誌
觀念領先